全国高职高专"十三五"贯穿式+立体化创新规划教材

网络工程 CAD(微课版)

张赵管　李月霞　编　著

清华大学出版社
北　京

内 容 简 介

本书专为计算机网络工程、智能楼宇及相关专业编写。本书包含 3 个部分：第一部分是绘图基础知识(包括第 1～6 章和第 11 章)，主要讲述 AutoCAD 中各种绘图工具和编辑工具的使用方法，以及图形标注、图块操作等内容；第二部分是绘制建筑图形(包括第 7～9 章)，主要是识读并绘制建筑平面图、立面图和剖面图，这部分内容也是绘制网络工程图形的基础内容；第三部分是绘制综合布线工程图(第 10 章)，包括综合布线系统拓扑图、综合布线系统管线路由图、楼层信息点分布和管线路由图等。

本书结构清晰、案例典型、步骤详细、微课生动，适合作为职业院校计算机网络工程、智能楼宇及相关专业的教材，也可作为计算机网络培训班的教材或计算机网络爱好者的自学用书。

图书在版编目(CIP)数据

网络工程 CAD(微课版)/张赵管，李月霞编著. —北京：清华大学出版社，2019（2022.1重印）
(全国高职高专"十三五"贯穿式+立体化创新规划教材)
ISBN 978-7-302-51866-2

Ⅰ. ①网… Ⅱ. ①张… ②李… Ⅲ. ①网络工程—高等职业教育—教材 ②建筑设计—计算机辅助设计—AutoCAD 软件—高等职业教育—教材 Ⅳ. ①TP393 ②TU201.4

中国版本图书馆 CIP 数据核字(2018)第 277899 号

责任编辑：刘秀青
装帧设计：杨玉兰
责任校对：吴春华
责任印制：杨 艳

出版发行：清华大学出版社
    网 址：http://www.tup.com.cn, http://www.wqbook.com
    地 址：北京清华大学学研大厦 A 座 邮 编：100084
    社 总 机：010-62770175   邮 购：010-62786544
    投稿与读者服务：010-62776969, c-service@tup.tsinghua.edu.cn
    质量反馈：010-62772015, zhiliang@tup.tsinghua.edu.cn
    课件下载：http://www.tup.com.cn, 010-62791865
印 刷 者：北京富博印刷有限公司
装 订 者：北京市密云县京文制本装订厂
经 销：全国新华书店
开 本：185mm×260mm 印 张：17 字 数：413 千字
版 次：2019 年 1 月第 1 版 印 次：2022 年 1 月第 7 次印刷
定 价：49.80 元

产品编号：077541-01

前　　言

目前大多数职业院校有计算机网络技术专业或网络工程专业，而该专业大多开设"计算机辅助设计"课程。学习绘制网络工程布线等各种图形的方法，是该专业学生必须掌握的一项技能。但目前这个专业选用的教材基本上是机械 CAD 或建筑 CAD，这些教材并不完全适合绘制网络工程图形，所以很有必要开发一本针对计算机网络技术专业的、专门介绍绘制网络工程图形的教材。

本书特色

(1) 针对计算机网络工程及相关专业而编写。本书针对性强，专门为计算机网络工程及相关专业编写而成。在介绍绘图基础知识后，详细介绍了各种综合布线工程图的绘制方法。

(2) 教学案例驱动。本书的指导思想是在有限的时间内精讲多练，着重培养学生的独立操作能力。每个主要的绘图命令都通过一个综合性较强的教学案例来说明其使用方法，并且所有案例尽量做到由浅入深；每章后面都配有精选的练习题，可以用来检验学生的学习效果。

(3) 所选教学案例综合性强、实用性强。全书注重知识的连贯性和完整性，避免以往教学案例中将知识碎片化的弊端，每个命令后均配有一个综合性和实用性较强的教学案例。对一些重点和难点的知识，也尽量多次在不同的案例中体现，不断巩固重点和难点知识。

(4) 每个教学案例都配有微课视频。本书所有教学案例操作过程均已被录制成微课视频，学生通过扫描书中提供的二维码，便可以随扫随看，轻松掌握相关知识，方便学生自学或课后学习。

本书作者

本书由运城职业技术学院电子信息工程系和建筑工程系共同策划编写，由张赵管(编写第 1～6 章及第 10、11 章)和李月霞(编写第 7～9 章)执笔。全书由张赵管统稿。在本书编写过程中，李茂林、宁晓青、马卫超老师提供了大量资料和合理化建议，郭良、刘海霞、冯秀玲、杨波娟老师参与了部分微课的录制工作，在此一并表示衷心感谢。

由于作者水平所限，书中疏漏之处在所难免，敬请读者批评指正。

作　者

目　录

全国高职高专「十三五」贯穿式+立体化创新规划教材

第1章 AutoCAD 基础知识

AutoCAD 是由美国 Autodesk 公司开发的通用计算机辅助设计与绘图软件，具有完善的图形绘制功能和强大的图形编辑功能，广泛应用于机械设计、土木建筑、装饰装潢、城市规划、园林设计、电子电路、航空航天等诸多领域，并且在不同的行业中，Autodesk 还开发了行业专用的版本和插件，使其针对性更强、使用更方便。学校里教学、培训中所用的一般是 AutoCAD 简体中文(Simplified Chinese)版本。AutoCAD 是目前使用最为广泛的计算机辅助设计软件。

1.1 AutoCAD 的功能

传统的绘图方法是用各种绘图仪器及工具进行手工绘图，但是采用这种绘图方法，劳动强度大、绘图效率低、不易修改、不易复制。AutoCAD 是一款通用的计算机辅助设计与绘图软件，可以方便、快捷地绘制各种二维图形和三维图形，还可以用它来管理、打印、共享及准确复用富含信息的设计图形。

1. 绘制与编辑图形

AutoCAD 的"绘图"和"修改"工具栏中，包含丰富的绘制和修改图形的命令，通过这些命令可以绘制和编辑各种复杂的二维图形；使用"建模"工具栏，可以很方便地绘制各种基本实体及曲面模型。同样再结合"修改"菜单中的相关命令，还可以绘制出各种各样复杂的三维图形。

2. 标注图形尺寸

尺寸标注是向图形中添加测量注释的过程，是绘图过程中不可缺少的一个环节。AutoCAD 的"标注"菜单中包含一套完整的尺寸标注和编辑命令，使用它们可以在图形的各个方向上创建各种类型的标注，也可以方便、快速地以一定格式创建符合行业或项目标准的标注。标注的对象可以是二维图形或三维图形。

3. 渲染三维图形

在 AutoCAD 中，可以运用雾化、光源和材质将模型渲染为具有真实感的图像。如果是为了演示，可以渲染全部对象；如果时间有限，或显示设备和图形设备不能提供足够的灰度等级和颜色，就不必精细渲染；如果只需快速查看设计的整体效果，则可以简单消隐或设置视觉样式。

4. 输出和打印图形

AutoCAD 不仅允许将所绘图形以不同样式通过绘图仪或打印机输出，还能将不同格式的图形导入 AutoCAD 或将 AutoCAD 图形以其他格式输出。因此，当图形绘制完成后可以使用多种方法将其输出。例如，可以将图形打印在图纸上，或创建成文件以供其他应用程序使用。

1.2 AutoCAD 2012 的工作界面

绘制图形之前，首先需要了解 AutoCAD 软件的启动和退出方法，并且熟悉 AutoCAD 的工作界面。

1.2.1 AutoCAD 的启动

启动 AutoCAD 2012 中文版常用以下 3 种方法。

1．双击桌面上的快捷图标

安装好 AutoCAD 2012 中文版软件后，默认情况下在桌面上生成一个快捷图标，双击 AutoCAD 2012 图标，就可以启动 AutoCAD 2012 软件。

2．选择菜单命令

执行"开始"→"所有程序"→Autodesk→"AutoCAD 2012 命令，即可启动 AutoCAD 2012 软件。

3．双击图形文件

若已经创建 AutoCAD 图形文件(*.dwg)，双击该文件的图标，即可启动 AutoCAD 2012 软件，并在窗口中打开该图形文件。

1.2.2 AutoCAD 的退出

退出 AutoCAD 通常采用以下 3 种方法。
(1) 单击标题栏上的"关闭"按钮。
(2) 选择"文件"→"退出"菜单命令。
(3) 使用快捷键 Alt+F4。
用户在退出 AutoCAD 软件前，要注意保存已绘制的图形文件。

如果用户在退出时没有保存已修改的文件，系统会弹出提示框，询问用户是否保存已绘制或修改过的图形文件。如果需要保存，单击"是"按钮；如果不保存，单击"否"按钮；如果要取消退出操作返回绘图编辑界面，单击"取消"按钮。

1.2.3 AutoCAD 2012 的工作界面

AutoCAD 2012 提供了"草图与注释""三维基础""三维建模"和"AutoCAD 经典"4 种工作空间，默认状态下显示"草图与注释"工作空间的界面。对于新用户来说，可以直接从这个界面学习 AutoCAD；对于老用户来说，如果习惯以往版本的界面，可以单击"工作空间"下拉按钮，切换到"AutoCAD 经典"界面。

　　为了方便 AutoCAD 的老用户，同时由于 AutoCAD 经典工作空间界面的简洁特性，这里介绍的是"AutoCAD 经典"的工作界面。其实，熟悉了这种界面，其他工作界面会很容易上手。

　　图 1-1 所示即为 AutoCAD 经典工作空间的界面。其界面主要由标题栏、工作空间、菜单栏、工具栏、坐标系、绘图区、命令行、状态栏等元素组成。

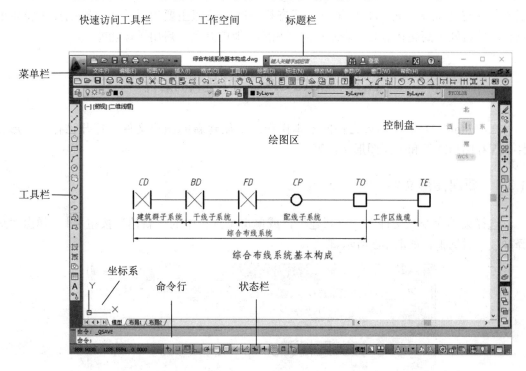

图 1-1　"AutoCAD 经典"工作空间界面

　　(1)　标题栏。用于显示当前正在运行的程序和正在编辑的图形文件的名称。

　　(2)　工作空间。单击"工作空间"下拉按钮，可以在"草图与注释""三维基础""三维建模"和"AutoCAD 经典"4 种工作空间之间进行切换。

　　(3)　快速访问工具栏。该工具栏包含一些常用的命令，如"新建""打开""保存""另存为""打印""放弃"和"重做"等，方便用户进行一些基本操作。

　　(4)　菜单栏。菜单栏由"文件""编辑""视图""绘图""标注"等 12 个菜单项组成，它们几乎包括了 AutoCAD 2012 中全部的功能和命令。

　　(5)　工具栏。AutoCAD 2012 提供了 50 多个已命名的工具栏，它提供执行 AutoCAD 命令的快捷方式。用户可在"工具"→"工具栏"→AutoCAD 中选择打开或关闭某个工具栏；也可右击任一工具按钮，在弹出的快捷菜单中打开或关闭某个工具栏。

　　(6)　绘图区。绘图区是用户绘图的工作区域，相当于工程制图中绘图板上的图纸，所有的绘图工作都在该区域进行。

　　(7)　坐标系。绘图区的左下方显示了当前使用的坐标系类型以及坐标系原点和各坐标轴的方向。默认情况下，坐标系为世界坐标系(WCS)。

　　(8)　控制盘。控制盘分为若干个按钮，每个按钮包含一个导航工具。通过单击或单击并拖动悬停在按钮上的光标，可以对当前视图中的模型进行平移、缩放等操作；也可在控制盘下方的坐标系列表中进行世界坐标系(WCS)和用户坐标系(UCS)的切换。

(9) 命令行。命令行是用户与 AutoCAD 进行交互对话的窗口，用于接受用户从键盘输入的命令，并显示 AutoCAD 的提示信息。

(10) 状态栏。用于显示当前光标的位置和工作状态等信息。当光标出现在绘图区时，状态栏左边将显示当前的光标位置。状态栏中间的按钮主要用于绘图时精确控制特定的点。当按钮处于高亮状态时，表示打开了相应功能的开关，启用了该功能。

1.3 AutoCAD 的基本操作

在 AutoCAD 中，图形文件的基本操作包括创建新的图形文件、打开已有的图形文件、保存图形文件和关闭图形文件等。

1.3.1 新建图形文件

选择菜单命令"文件"→"新建"，或单击工具栏中的"新建"按钮，弹出"选择样板"对话框，如图 1-2 所示。

图 1-2 "选择样板"对话框

在"选择样板"对话框中显示了样板名称列表，用户可以选择一个样板文件，这时在右侧的"预览"框中将显示该样板的预览图像，单击"打开"按钮，可以将选中的样板文件作为样板来创建新图形。默认的样板文件是 acadiso.dwt。

样板文件中通常包含与绘图相关的一些通用设置，如图层、线型、文字样式等，使用样板创建新图形不仅提高了绘图效率，而且还保证了图形的一致性。

1.3.2 打开图形文件

选择菜单命令"文件"→"打开"，或单击工具栏中的"打开"按钮，弹出"选择文件"对话框，如图 1-3 所示。

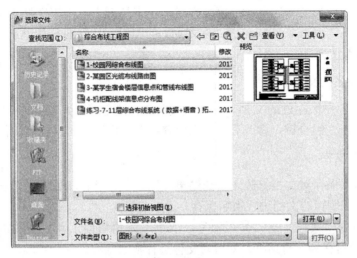

图 1-3　"选择文件"对话框

在"选择文件"对话框的文件列表中，选择需要打开的图形文件，在右侧的"预览"框中将显示该图形的预览图像。单击"打开"按钮右侧的下拉按钮，可以选择图形文件以"打开""以只读方式打开""局部打开""以只读方式局部打开"4 种方式打开。如果以"打开"和"局部打开"方式打开图形，则可以对图形进行编辑；如果以"以只读方式打开"和"以只读方式局部打开"方式打开图形，则无法对打开的图形进行编辑。

1.3.3　保存图形文件

为防止断电或电脑死机，在图形的编辑过程中经常保存图形是一个好习惯。

1．保存新文档

选择菜单命令"文件"→"保存"，或单击工具栏中的"保存"按钮 ，都可对文件进行保存。在第一次保存新建的图形文件时，会弹出"图形另存为"对话框，如图 1-4 所示。

图 1-4　"图形另存为"对话框

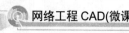

在该对话框中，"保存于"下拉列表框用于设置图形文件的保存路径；"文件名"下拉列表框用于输入图形文件的名称；"文件类型"下拉列表框用于选择文件保存的格式。在"文件类型"下拉列表中，dwg 是 AutoCAD 的图形文件，dwt 是 AutoCAD 的样板文件，这两种格式最为常用。

2．保存已命名的文档

对于已经命名并保存过的文档，进行编辑修改后再次保存，可单击工具栏中的"保存"按钮或按 Ctrl+S 组合键，修改后的文档内容便会替换原来的文档而文件名保持不变。

3．换名保存文档

如果用户需要保存对文档修改之后的结果，同时又希望留下修改之前的原始资料，这时用户可以将正在编辑的文档进行换名保存。

选择菜单命令"文件"→"另存为"，或单击快速访问工具栏中的"另存为"按钮，弹出"图形另存为"对话框，即可对文件进行换名保存。

1.3.4　关闭图形文件

选择"文件"→"关闭"菜单命令，或在工具栏中单击"关闭"按钮，即可关闭当前的图形文件。

关闭当前图形文件时，如果当前的图形文件没有保存，系统将弹出警告消息框，询问是否保存文件，如图 1-5 所示。单击"是"按钮保存当前文件并将其关闭；单击"否"按钮不保存当前文件并将其关闭；单击"取消"按钮，取消关闭当前图形文件的操作，返回图形编辑状态。

图 1-5　AutoCAD 消息框

1.4　AutoCAD 的坐标系

在绘图过程中常常需要使用某个坐标系作为参照，拾取点的位置来精确绘制图形。AutoCAD 提供的坐标系可以用来准确地设计并绘制图形。

1.4.1　认识坐标系

在 AutoCAD 中，坐标系分为世界坐标系(WCS)和用户坐标系(UCS)，这两种坐标系都可以通过坐标(x,y)来精确定位点的坐标。

默认情况下，开始绘制新图形时，当前坐标系为世界坐标系(即 WCS)，它包括 X 轴和 Y 轴(如果在三维空间工作，还有一个 Z 轴)。在绘制和编辑图形过程中，WCS 的坐标原点和坐标轴方向都不会改变。WCS 的交汇处显示"口"形标记，其坐标原点位于图形窗口的左下角，所有的位移都是相对于原点计算的，并且规定沿 X 轴正向和 Y 轴正向的位移为正方向，图 1-6(a)所示为世界坐标系(注：在计算机屏幕中的 X、Y 均为正体)。

在 AutoCAD 中，为了能够更好地辅助绘图，经常需要修改坐标系的原点和方向，这时世界坐标系将变为用户坐标系(即 UCS)。UCS 的原点及 X 轴、Y 轴、Z 轴的方向都可以移动和旋转，使绘图更加方便和灵活。另外，用户坐标系原点处没有"口"形标记。在绘制三维图形时经常会用到用户坐标系，图 1-6(b)所示为用户坐标系。

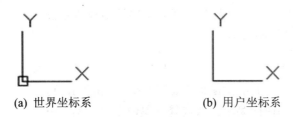

(a) 世界坐标系　　　　　　(b) 用户坐标系

图 1-6　AutoCAD 坐标系

世界坐标系(WCS)与用户坐标系(UCS)可以在工作区域右上角控制盘下方的坐标系下拉列表中进行选择切换。

1.4.2　坐标的表示方法

在 AutoCAD 中，点的坐标有 4 种表示方法，分别是绝对直角坐标、相对直角坐标、绝对极坐标和相对极坐标，它们的特点如下。

(1) 绝对直角坐标。绝对直角坐标是从坐标原点即(0,0)或(0,0,0)出发的位移，其输入形式是(x,y)或(x,y,z)，如(12,13)或(3,4,5)。

(2) 相对直角坐标。相对直角坐标不是从坐标原点，而是相对于某一点的位移，其输入形式是(@x,y)或(@x,y,z)，如(@12,13)或(@3,4,5)。

(3) 绝对极坐标。绝对极坐标是从坐标原点出发的位移，但给定的是距离和角度，且距离和角度之间用"<"分开，规定 X 轴正向为 0°，其输入形式是(r<θ)，如(12<60)。

(4) 相对极坐标。相对极坐标不是从坐标原点，而是相对于某一点的位移，其输入形式是(@r<θ)，如(@12<60)。

综上所述，坐标的 4 种输入方法如表 1-1 所示。

表 1-1　坐标输入方法

坐 标 形 式	直 角 坐 标	极 坐 标
绝对坐标形式	x,y	$r<\theta$
相对坐标形式	$@x,y$	$@r<\theta$

1.5　设置绘图环境

在使用 AutoCAD 绘图前，通常需要对绘图环境的某些参数进行设置，包括自定义工具栏、设置图形界限及设置图形单位等。

1.5.1　自定义工具栏

AutoCAD 2012 是一个比较复杂的应用程序，它提供了 50 多个工具栏，每个工具栏都由多个图标按钮组成。

对于初学者来说，在绘图时可以打开一些常用的工具栏，如"标准""绘图""修改""标注"等，这样既可减少绘图命令的记忆，又可提高绘图效率。

1．调用工具栏

在任意一个工具按钮上单击鼠标右键(简称"右击")，可以弹出如图 1-7 所示的快捷菜单；或选择菜单命令"工具"→"工具栏"→AutoCAD 也可弹出该菜单。有"√"标记的命令表示该工具栏已经打开。在打开的快捷菜单中单击需要调用的工具栏名称，该工具栏将被显示在屏幕上，如图 1-8 所示。

单击工具栏右上方的"关闭"按钮，可以将该工具栏关闭。

2．定位工具栏

AutoCAD 的所有工具栏都是浮动的，可以放置在屏幕上的任何位置，并且可以改变其形状。对于任何工具栏，把光标放置在其标题栏或者其他非图标按钮的地方，可以将其拖动到需要的地方。将光标放置在工具栏的边界上，当光标变为双向箭头形状时，可以拖动以改变工具栏的形状。

图 1-7　工具栏子菜单

图 1-8　工具栏

1.5.2　设置图形界限

设置图形界限就是设置绘图区域的大小。默认情况下，AutoCAD 系统对绘图范围没有限制，可以将绘图区看作一幅无穷大的图纸。在 AutoCAD 中，可以选择"格式"→"图形界限"菜单命令来设置图形界限。

在世界坐标系下，图形界限由一对二维点来确定，即左下角点和右上角点。左下角点和右上角点之间的矩形区域便是指定的绘图区域。

(1) 选择"格式"→"图形界限"菜单命令，或在命令行执行 limit 命令。

(2) 命令行提示为"指定左下角点或[开(ON)/关(OFF)]："时，输入绘图图限的左下角点坐标(0,0)。

(3) 命令行提示为"指定右上角点<420.0000,297.0000>："时，输入绘图图限的右上角点坐标(297,210)。

选项[开(ON)/关(OFF)]可以决定能否在图形界限之外绘制图形。选择"开(ON)"选项，将打开图形界限检查，不能在图形界限之外绘制图形；选择"开(OFF)"选项，将关闭图形界限检查，可以在图形界限之外绘制图形。

1.5.3 设置图形单位

在 AutoCAD 中，可以采用 1∶1 的比例因子绘图，因此，所有的图形对象都可以以真实大小来绘制，在需要打印时，再将图形按图纸大小进行缩放。

在 AutoCAD 中，选择"格式"→"单位"菜单命令，在打开的"图形单位"对话框中可以设置绘图时使用的长度单位和角度单位，以及单位的显示格式和精度等参数，如图 1-9 所示。

在"长度"选项组中，可以设置长度单位的类型和精度；在"角度"选项组中，可以设置角度单位的类型、精度及方向；在"插入时的缩放单位"选项组中，可以设置缩放插入内容的单位。

在"图形单位"对话框中单击"方向"按钮，打开"方向控制"对话框，如图 1-10 所示。默认情况下，"角度"的 0°方向指向右(即东方)的方向，在此可以设置起始角(0°角)的方向。

图 1-9 "图形单位"对话框

图 1-10 "方向控制"对话框

1.6 使用辅助工具精确绘图

AutoCAD 2012 提供了大量辅助工具，帮助用户快速、精确地绘制图形。利用捕捉功能可以精确控制光标的移动距离，利用栅格可以快速查询对象之间的距离，利用正交功能可以方便绘制水平或垂直的直线，利用极轴追踪功能可以方便绘制指定角度的斜线，利用对象捕捉功能可以快速、准确地捕捉图形中的特征点(如端点、中点、交点和圆心等)，利用对象捕捉追踪功能可以使光标沿指定对象的特征点进行正交和极轴追踪。这些工具主要位于窗口下方的"状态栏"中，如图 1-11 所示。

图 1-11　状态栏

1.6.1　栅格和捕捉

"栅格"是一些标定位置的方格，起坐标纸的作用，可以提供直观的距离和位置参照。"捕捉"用于设定光标移动的间距。

单击状态栏中的"栅格显示"按钮▦，可在绘图区显示或关闭栅格。打开栅格后，绘图窗口显示出规律布置的栅格点，使绘图窗口类似于一张坐标纸，有助于快速绘制图形。打印图形时，这些栅格点不会被打印出来。

单击状态栏中的"捕捉模式"按钮▦，可以打开或关闭"捕捉"模式。打开"捕捉模式"后执行绘图命令时，光标只能按照系统默认或用户定义的间距移动。

默认情况下，光标沿 X 轴或 Y 轴方向上的捕捉间距为 10，若要改变栅格间距或捕捉间距，可在状态栏中右击"栅格显示"或"捕捉模式"按钮，在弹出的快捷菜单中选择"设置"命令，然后在打开的图 1-12 所示"草图设置"对话框的"捕捉和栅格"选项卡中进行设置。

图 1-12　"捕捉和栅格"选项卡

(1)　"启用捕捉"复选框。用于打开或关闭捕捉模式。选中该复选框，可以启用捕捉模式。

(2)　"捕捉间距"选项组。当"捕捉类型"设为"栅格捕捉"时可以在此选项组中设置 X 轴和 Y 轴间的捕捉间距。

(3)　"极轴间距"选项组。当"捕捉类型"设为 PolarSnap 时可以在此选项组中设置极轴间距。

(4)　"捕捉类型"选项组。确定是栅格捕捉还是极轴捕捉(PolarSnap)。栅格捕捉时需启用状态栏的"栅格显示"按钮，"极轴捕捉"时需启用状态栏的"极轴追踪"按钮。

(5)　"启用栅格"复选框。打开或关闭栅格显示。选中该复选框，可以启用栅格。

（6）"栅格样式"选项组。通常情况下栅格显示为方格，也可以选择指定位置显示点栅格。

（7）"栅格间距"选项组。用于设置栅格间距。

（8）"栅格行为"选项组。用于设置"视觉样式"下栅格的显示样式。

① "自适应栅格"复选框：用于限制缩放时栅格的密度。

② "显示超出界限的栅格"复选框：用于确定是否显示图限之外的栅格。

③ "遵循动态 UCS"复选框：选中此复选框时，将跟随动态 UCS 的 XY 平面而改变栅格平面。

1.6.2 正交和极轴追踪

正交和极轴追踪主要用于控制光标移动的方向。利用正交功能可以控制绘图时光标只能沿水平或垂直方向移动，用来绘制水平或垂直直线；利用极轴追踪功能可控制光标沿由极轴增量角定义的极轴方向移动，这样便于绘制具有倾斜角度的直线。

单击状态栏中的"正交"按钮 或"极轴追踪"按钮 ，可分别开启或关闭正交模式和极轴追踪模式。"正交"和"极轴追踪"两个命令是互斥的，打开一个开关时另一个开关会自动关闭。但两个开关可以同时关闭。

右击状态栏中的"极轴追踪"按钮，在弹出的快捷菜单中选择"设置"命令，然后在打开的图 1-13 所示"草图设置"对话框的"极轴追踪"选项卡中进行设置。

图 1-13 "极轴追踪"选项卡

（1）"极轴角设置"选项组。用于设置极轴角度。极轴追踪是按设定好的增量角及其倍数进行追踪的，因此改变极轴增量角，极轴会随之改变。如果增量角不能满足需要，可选中"附加角"复选框，然后单击"新建"按钮，在"附加角"列表中增加新的角度。

（2）"对象捕捉追踪设置"选项组。用于设置对象捕捉追踪方式。选中"仅正交追踪"单选按钮，可在启用对象捕捉追踪时，只显示获取的对象捕捉点的正交(水平/垂直)对象捕捉追踪路径；选中"用所有极轴角设置追踪"单选按钮，可以将极轴追踪设置应用到对象捕捉追踪。使用对象捕捉追踪时，光标将从获取的对象捕捉点起沿极轴对齐角度进行追踪。

（3）"极轴角测量"选项组。用于设置极轴追踪对齐角度的测量基准。选中"绝对"单选按钮，可以基于当前用户坐标系(UCS)确定极轴追踪角度；选中"相对上一段"单选按钮，可以基于最后绘制的线段确定极轴的追踪角度。

1.6.3　对象捕捉

利用对象捕捉功能可以精确、快捷地捕捉图形对象上的特殊点，如端点、交点、中点、圆心等。打开对象捕捉开关后，将光标移动到图形对象附近，AutoCAD 会自动捕捉邻近的特殊点，并在捕捉点处显示标记符号和提示。

右击状态栏中的"对象捕捉"按钮 ，在弹出的快捷菜单中选择"设置"命令，然后在打开的"草图设置"对话框的"对象捕捉"选项卡中进行设置，如图 1-14 所示。

图 1-14　"对象捕捉"选项卡

在选项卡中选择需要捕捉的特征点复选框。

特征点并不是选择越多越方便，选择太多特征点可能会影响捕捉的精确度。所以，在绘图时仅选择需要捕捉的特征点即可。

1.6.4　对象捕捉追踪

使用对象捕捉追踪模式时，必须确认"对象捕捉"和"对象捕捉追踪"按钮都处于启用(按下)的状态。

打开对象捕捉追踪开关后，就可以通过捕捉特征点的追踪线绘制图形。当用户捕捉到一个特征点后，该点处显示一个小加号"＋"，同时十字光标中心出现小叉号"×"，移动光标，绘图窗口将显示通过捕捉点的水平线、竖直线或极轴追踪线。

绘制图形时，光标捕捉到现有图形中的某个特征点后(此时不要单击鼠标)，出现追踪线，接着再捕捉图中的另一个特征点，出现第二条追踪线，两条追踪线交汇的位置即为要指定绘图的位置。

1.6.5　动态输入

单击状态栏中的"动态输入"按钮 ，可以打开或关闭动态输入。启用动态输入功能后，允许用户在指定位置处显示标注和命令提示等信息，而不必在命令行中进行输入。提示信息出现在光标的旁边，其显示的信息会随着光标的移动而动态更新，方便用户绘图。

右击状态栏中的"动态输入"按钮，在弹出的快捷菜单中选择"设置"命令，然后在打开的"草图设置"对话框的"动态输入"选项卡中进行设置，如图 1-15 所示。

图 1-15　"动态输入"选项卡

动态输入有两种模式，分别为"指针输入"与"标注输入"。指针输入用于输入坐标值，标注输入用于输入线段的长度和角度。

单击"指针输入"选项组中的"设置"按钮，在打开的"指针输入设置"对话框中可以设置坐标的"格式"和"可见性"，如图 1-16 所示。

单击"标注输入"选项组中的"设置"按钮，在打开的"标注输入的设置"对话框中可以设置标注的"可见性"，如图 1-17 所示。

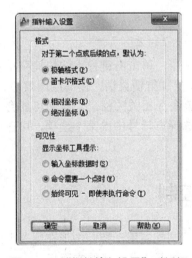

图 1-16　"指针输入设置"对话框

图 1-17　"标注输入的设置"对话框

选中"动态提示"选项组中的"在十字光标附近显示命令提示和命令输入"复选框，可以在光标附近显示命令提示。

默认情况下，动态输入的指针输入被设置为"相对坐标"形式，因此，虽然未输入"@"符号，输入的坐标值依然为相对坐标。

1.7 AutoCAD 的绘图方法

AutoCAD 属于人机交互软件，命令是绘制和编辑图形的核心，用户执行的每一步操作都需要启用相应的命令。因此，用户必须熟练掌握启用命令的方法。

通常，在 AutoCAD 中使用命令有以下 4 种方法。

1.7.1 工具按钮方式

AutoCAD 2012 提供了 50 多个工具栏，调用所需的工具栏，直接单击工具栏中的按钮，即可执行相应的命令。例如，已知圆心和半径绘制圆，可在"绘图"工具栏中单击"圆"按钮，然后按窗口下方命令行中的提示选择合适的参数即可绘制圆。

1.7.2 菜单命令方式

AutoCAD 2012 在菜单栏中提供了 12 个命令菜单，包含了几乎所有常用的 AutoCAD 命令。在命令菜单中选择要执行的命令，启用相应的命令。例如，已知圆心和半径绘制圆，则可选择菜单命令"绘图"→"圆"→"圆心、半径"。

1.7.3 快捷键方式

在命令行中输入该命令的快捷键，按空格键或 Enter 键即可启用该命令。例如，绘制圆时，可以在命令行输入绘制圆命令的快捷键"C"后，按空格键即可开始绘制圆。常用命令的快捷键见附录。熟练使用快捷键可以大大提高绘图效率。

1.7.4 快捷菜单方式

单击鼠标右键弹出的快捷菜单提供了一些常用的命令，单击右键弹出的快捷菜单根据所选对象的不同而不同。使用快捷菜单方式可以使操作更加方便灵活，提高绘图效率。

无论以哪种方式启用命令，命令行中都会显示与该命令相关的信息。其中可能会包含一些选项，这些选项显示在方括号"[ ]"中。如果要选择方括号中的某个选项，可在命令行输入该选项后的字母(输入字母时大、小写均可)。

1.8 图形显示控制

AutoCAD 提供了强大的图形显示控制功能。显示控制功能用于控制图形在屏幕上的显示方式，但显示方式的改变只改变了图形的显示尺寸，并不改变图形的实际尺寸。下面介绍几种基本的显示控制功能。

1.8.1 缩放视图

缩放视图用于控制图形的缩放显示，主要是指缩小或放大图形在屏幕上的可见尺寸，这只是视觉上的放大或缩小，而图形的实际尺寸大小是不变的。

在绘图中最常用的缩放视图的方法是通过滚动鼠标中键滚轮来缩放视图，双击鼠标中键滚轮可全屏显示图形。

选择菜单命令"视图"→"缩放"下的子命令，或在标准工具栏上单击"缩放"按钮，或在命令行输入"zoom"命令，都可进行视图缩放。

1.8.2 平移视图

平移视图用于在不改变图形缩放显示的条件下平移图形，使图形中的特定部分位于当前的视图中，以便查看图形的不同部分。如果所编辑的图形大小超出了显示区域，为了查看图形中的特定细节，通常需要用平移命令来移动图形。

按住鼠标中键滚轮并移动鼠标便可平移视图；也可在标准工具栏上单击"实时平移"按钮 平移视图。

1.8.3 重画与重生成视图

当用户对一个图形进行较长时间的编辑后，可能会在屏幕上留下一些"残迹"。要清除这些残迹，可以用刷新屏幕显示的方法来解决。刷新屏幕显示的方法有"重画"和"重生成"两种。

选择菜单命令"视图"→"重画"，则可重画当前窗口图形。

选择菜单命令"视图"→"重生成"，则可重生成当前窗口图形。

选择菜单命令"视图"→"全部重生成"，则可重生成所有已打开窗口的图形。

由于使用"重生成"命令重新生成当前视图中的图形时，需要进行数据转换，所以它要比使用"重画"命令耗费更多的时间，特别是对于一个比较复杂和庞大的图形更是如此。

对于"重生成"命令可以用一个简单的例子来说明。当一个较小的圆形经过放大显示后，看起来像是一个多边形，如图 1-18(a)所示。使用"重画"命令图形没有变化，而使用"重生成"命令后，便会显示为一个标准的圆形，如图 1-18(b)所示。由此可见，"重生成"命令可以重新创建图形数据库索引，从而优化显示和对象选择的性能。

(a) 重生成前   (b) 重生成后

图 1-18 重生成图形

1.9 创建和管理图层

在一个复杂的图形中，有许多不同类型的图形对象，为了方便区分和管理，可以通过创建多个图层，将特性相似的对象绘制在一个图层上，特性不同的对象绘制在不同的图层上。例如，将图形绘制在轮廓线图层上，将尺寸标注绘制在标注图层上。更复杂的图形可能需要更多的图层。

图层就好像是一张张透明的图纸，整个图形相当于若干张透明图纸上下叠加的效果。一般情况下，相同的图层上具有相同的线型、颜色、线宽等特性。使用图层可以方便图形的修改，提高工作效率。

1.9.1 图层的特点

在 AutoCAD 中，图层具有以下特点。

(1) 在一幅图形中可指定任意数量的图层。系统对图层数量没有限制，对每一个图层上的对象数量也没有限制。

(2) 每个图层有一个名称，以便进行区别。开始绘制新图时，AutoCAD 会自动创建名为 "0" 的图层，其余图层需要用户自定义。

(3) 一般情况下，相同图层上的对象应该具有相同的线型和颜色。用户可以改变各图层的线型、线宽、颜色和状态。

(4) AutoCAD 允许建立多个图层，但只能在当前图层上绘图。

(5) 各图层具有相同的坐标系、绘图界限及显示时的缩放倍数。可以对位于不同图层上的对象同时进行编辑操作。

(6) 可以对各图层分别进行打开、关闭、冻结、锁定与解锁等操作，以决定各图层的可见性与可操作性。

1.9.2 创建新图层

默认情况下，图层 0 被定义为使用 7 号颜色(白色或黑色，由背景色决定)、Continuous 线型、默认线宽及 Normal(普通)打印样式。在绘图过程中，如果要使用更多的图层来组织图形，就需要先创建新图层。

单击 "图层" 工具栏中的 "图层特性管理器" 按钮 ，或选择 "格式" → "图层" 菜单命令，打开 "图层特性管理器" 对话框，如图 1-19 所示。在对话框中单击 "新建图层" 按钮，在图层列表中将出现一个名称为 "图层 1" 的新图层。默认情况下，新建图层与当前图层的状态、颜色、线型及线宽等设置相同，用户可以根据需要自定义每个图层的名称、颜色、线型、线宽等属性。

(1) 状态。双击某个图层，可将选定图层设置为当前图层，当前图层的状态显示为 。绘制图形时，只能在当前图层上进行。

(2) 名称。即图层的名字。默认情况下，新建图层的名称按图层 1、图层 2、……编号依次递增，用户可以根据需要为图层重命名。单击图层名称，在"名称"文本框中输入一个新的图层名并按 Enter 键，即可将该图层重命名。

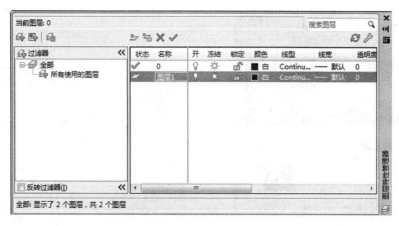

图 1-19　"图层特性管理器"对话框

（3）开关状态。单击某个图层"开"列对应的小灯泡图标 💡，可以打开或关闭该图层的内容。在"开"状态下，灯泡的颜色为黄色，图层上的图形可以显示，也可以打印输出；在"关"状态下，灯泡的颜色为蓝色，图层上的内容不能显示，也不能打印输出。在关闭当前图层时，系统会弹出一个消息对话框，提醒用户正在关闭当前图层。

（4）冻结。单击某个图层"冻结"列对应的太阳 ☀ 或雪花 ❄ 图标，可以将该图层冻结或解冻。图层被冻结时显示"雪花"图标 ❄，此时该图层上的图形不能被显示、打印输出或编辑修改；图层解冻后显示"太阳"图标 ☀，此时该图层上的图形可以被显示、打印输出和编辑修改。当前图层不能被冻结，也不能将冻结图层设为当前图层。

（5）锁定。单击"锁定"列对应的锁定 🔒 或解锁 🔓 图标，可以锁定或解锁图层。图层在锁定状态下并不影响图形对象的显示和打印，不能对该图层上已有图形对象进行编辑，但可以在该图层上绘制新的图形对象。

（6）颜色。图层的颜色实际上是图层中图形对象的颜色。每个图层都可以设置不同的颜色，绘制复杂图形时就可以很容易区分图形的各个部分，便于读图也便于修改图形对象。一般情况下，优先从"索引颜色"选项卡的"标准颜色"栏中选择颜色。

单击"颜色"列对应的图标，可以使用打开的"选择颜色"对话框来选择图层的颜色，如图 1-20 所示。

（7）线型。线型是指图形基本元素中线条的组成和显示方式，如实线、虚线和点划线等，以满足不同国家和不同行业标准的使用要求。默认情况下，新建图层的线型为 Continuous(实线)线型。

单击"线型"列对应的 Continuous 线型，打开"选择线型"对话框，如图 1-21 所示。在"已加载的线型"列表框中选择一种线型即可将其应用到图层中。

默认情况下，在"选择线型"对话框的"已加载的线型"列表框中只有 Continuous 一种线型，如果要使用其他线型，可单击"加载"按钮，打开"加载或重载线型"对话框，如图 1-22 所示，从"可用线型"列表框中选择需要加载的线型，单击"确定"按钮。

(8) 线宽。"线宽"设置用来改变线条的宽度。使用不同的线宽表现不同的对象，可以提高图形的表达能力和可读性。

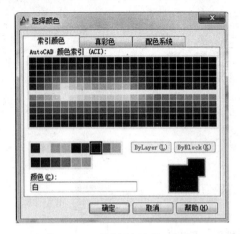

图 1-20   "选择颜色"对话框

图 1-21   "选择线型"对话框

单击"线宽"列显示的线宽值，打开"线宽"对话框，如图 1-23 所示，选择所需要的线宽。

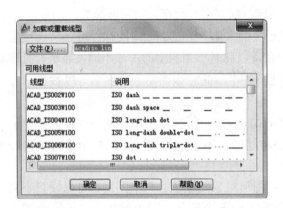

图 1-22   "加载或重载线型"对话框

图 1-23   "线宽"对话框

(9) 透明度。更改图形的透明度。图层透明度的变化范围为 0～90。

(10) 打印样式。通过"打印样式"确定各图层的打印样式，如果使用的是彩色绘图仪，则不能改变打印样式。

1.9.3 管理图层

在 AutoCAD 中建立完图层之后，需要对其进行管理，包括将选定图层置为当前图层、改变对象所在图层及删除选定的图层等。

1. 将选定图层置为当前图层

在"图层特性管理器"对话框的图层列表中，双击某一图层，或选定某一图层后，单击"当前图层"按钮 ，即可将选定图层设为当前图层。当前图层的状态显示为 ✓。绘制图形时，只能在当前图层上进行。

2．改变对象所在图层

如果绘制完某一图形元素后，发现该元素没有绘制在预先设置的图层上，可选中该图形元素，单击"图层"工具栏中的"图层控制"下拉按钮，在显示的下拉列表中选择该图形元素应在的图层名，即可将对象改为想要的图层。

3．删除选定的图层

单击"图层"工具栏中的"图层特性管理器"按钮，打开"图层特性管理器"对话框，选定某个图层，单击"删除图层"按钮 ✖，即可删除选定的图层。

只能删除未被参照的图层。参照的图层包括 0 图层、包含对象的图层、当前图层以及依赖外部参照的图层则不能被删除。

【约定】

在 AutoCAD 中，每次在命令行中输入命令或数值后，都需要按空格键或 Enter 键予以确认。

【重要提示】

(1) 绘制图形时，可先根据图形尺寸画一段直线，然后根据需要滚动鼠标滚轮来缩放图形。缩放图形是以鼠标指针所在位置为中心进行缩放的。

(2) 按住鼠标滚轮并拖动，可以移动图形的位置。

(3) 命令结束后，按空格键或 Enter 键，可重复上一次执行的命令。

(4) 绘图过程中，随时可以按 Esc 键，终止当前操作。

(5) 绘图过程中，如果执行了错误命令，可以按 Ctrl+Z 组合键返回到上一步，重新执行正确的命令。

下面通过一个简单的实例说明绘图的基本流程。

【练习 1-1】绘制图 1-24 所示图形并标注尺寸。

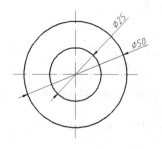

图 1-24　绘制图形并标注尺寸

任务一　设置绘图环境

(1) 单击状态栏中的"极轴追踪"按钮 、"对象捕捉"按钮 和"对象捕捉追踪"按钮 ，启用这 3 个按钮的功能。

(2) 右击状态栏中的"对象捕捉"按钮 ，在弹出的快捷菜单中选择"设置"命令，打开"草图设置"对话框。

微课 1-1-1

(3) 切换到"对象捕捉"选项卡,在"对象捕捉模式"选项组中选中"交点"复选框,如图 1-25 所示。

图 1-25 "对象捕捉"选项卡

任务二 创建图层

(1) 单击"图层"工具栏中的"图层特性管理器"按钮,或在命令行输入 LA 并按 Enter 键,打开"图层特性管理器"对话框,如图 1-26 所示。

图 1-26 "图层特性管理器"对话框

(2) 单击对话框中的"新建图层"按钮,新建 3 个图层,分别命名为"中心线""轮廓线"和"标注"。

(3) 单击"中心线"图层对应的"颜色",打开"选择颜色"对话框,从对话框的列表框中选择"索引颜色"中的红色。

(4) 单击"中心线"图层对应的 Continuous 线型,打开"选择线型"对话框,如图 1-27 所示。

(5) 单击"加载"按钮,打开"加载或重载线型"对话框,如图 1-28 所示,从"可用线型"列表框中选择 ACAD_ISO04W100 线型,单击"确定"按钮。

图 1-27　"选择线型"对话框

图 1-28　"加载或重载线型"对话框

（6）在"已加载的线型"列表框中再次选择 ACAD_ISO04W100 线型，单击"确定"按钮，中心线的点划线线型加载成功。

（7）单击"轮廓线"图层对应的线宽值，打开"线宽"对话框，从打开的"线宽"列表框中选择"0.30mm"。

（8）单击"标注"图层对应的"颜色"，打开"选择颜色"对话框，从列表框中选择"索引颜色"中的青色。图层设置效果如图 1-29 所示。

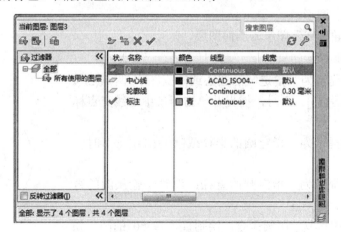

图 1-29　建立新图层

(9) 单击对话框的"关闭"按钮✖，完成图层设置。

(10) 执行菜单命令"格式"→"线型"，或在命令行输入 LT 并按 Enter 键，打开"线型管理器"对话框，在"全局比例因子"文本框中输入点划线的比例因子为 0.5，如图 1-30 所示。

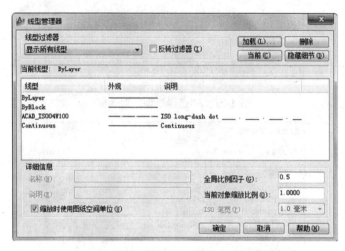

图 1-30   "线型管理器"对话框

任务三   绘制中心线

(1) 选择"中心线"图层为当前图层。

(2) 单击"直线"按钮 ✎。

(3) 在命令行中出现的提示信息(以下简称命令行提示)为"指定第一点："时，在绘图区内任一点单击作为起始点。

(4) 命令行提示为"指定下一点或[放弃(U)]："时，鼠标水平向右移动，在命令行输入水平中心线的长度 60(比大圆的直径稍长即可)。

微课 1-1-2

(5) 滚动鼠标滚轮缩放图形到合适大小。

(6) 按空格键重复绘制直线命令，绘制与水平中心线垂直相交的竖直中心线。

任务四   绘制圆形

(1) 选择"轮廓线"图层为当前图层。

(2) 单击"圆"按钮 ⊙。

(3) 命令行提示为"指定圆的圆心或[三点(3P)/两点(2P)/切点、切点、半径(T)]："时，捕捉并单击两条中心线交点标志×作为圆心。

(4) 命令行提示为"指定圆的半径或[直径(D)]："时，输入选项 D。

(5) 命令行提示为"指定圆的直径："时，输入圆的直径 25。

(6) 按空格键重复绘制圆命令，绘制直径为 50 的圆，如图 1-31 所示。

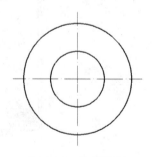

图 1-31   绘制圆形

任务五　标注尺寸

默认情况下，AutoCAD 绘图窗口中不显示标注工具栏。此时，可以将鼠标指针指向任一工具按钮并右击，在弹出的快捷菜单中选择"标注"命令，使标注工具栏显示在绘图窗口，并将其拖放到合适位置。

(1) 选择"标注"图层为当前图层。

(2) 单击"直径"按钮 ⊘ 。

(3) 命令行提示为"选择圆弧或圆："时，单击直径为 25 的圆。

(4) 命令行提示为"指定尺寸位置或[多行文字(M)/文字(T)/角度(A)]："时，移动鼠标到合适位置单击。

(5) 按空格键重复执行"直径"标注命令，标注直径为 50 的圆，标注结果如图 1-32 所示。

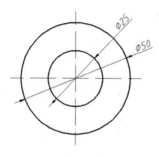

图 1-32　标注图形

任务六　保存图形

(1) 单击工具栏中的"保存"按钮 💾 ，或按 Ctrl+S 组合键，弹出"图形另存为"对话框。

(2) 选择保存位置并输入图形文件的名称，单击"保存"按钮。

课　后　练　习

1. 填空题

(1) 中文版 AutoCAD 2012 为用户提供了＿＿＿＿＿＿＿＿、＿＿＿＿＿＿＿＿、＿＿＿＿＿＿＿＿、＿＿＿＿＿＿＿＿4 种工作空间。

(2) 在 AutoCAD 中，坐标系分为＿＿＿＿＿＿＿＿和＿＿＿＿＿＿＿＿两种。

(3) 在 AutoCAD 中，点的坐标可以使用＿＿＿＿＿＿＿＿、＿＿＿＿＿＿＿＿、＿＿＿＿＿＿＿＿和＿＿＿＿＿＿＿＿4 种方法表示。

(4) 通常，在 AutoCAD 中使用命令有 4 种方法，分别是＿＿＿＿＿＿、＿＿＿＿＿＿、＿＿＿＿＿＿、＿＿＿＿＿＿。

(5) 每个图形都包含名为＿＿＿＿＿＿＿的图层，该图层不能被删除或重命名。

2. 选择题

(1) 默认情况下，AutoCAD 图形保存的文件格式为(　　)。

    A. dwg   B. dwt   C. dws   D. dxf

(2) 在命令执行过程中，可以随时按(　　)键终止命令的执行。

    A. 空格   B. Enter   C. Esc   D. Tab

(3) 在 AutoCAD 中，当某一图形被误删除时，按(　　)组合键可恢复该图形。

    A. Ctrl+Y   B. Ctrl+Z   C. Ctrl+U   D. Ctrl+Q

(4) 在 AutoCAD 中，下列坐标中使用相对极坐标的是(　　)。

    A. (45,56)   B. (@45,56)   C. (45<56)   D. (@45<56)

(5) 在 AutoCAD 中以下有关图层锁定的描述，错误的是(　　)。

    A. 在锁定图层上的对象仍然可见

    B. 在锁定图层上的对象不能打印

    C. 在锁定图层上的对象不能被编辑

    D. 锁定图层可以防止对图形的意外修改

第 2 章　绘制二维图形

绘制二维平面图形是 AutoCAD 绘图的基础功能，也是重点内容之一，本章主要学习 AutoCAD 的基本绘图操作，如绘制直线、圆、矩形、多边形及多线等。它们是整个 AutoCAD 的绘图基础，只有熟练掌握二维平面图形的绘制方法和技巧，才能更好地绘制出复杂的图形。

2.1　绘制直线和构造线

直线和构造线都属于直线型对象。直线是有起点和端点的线段，而构造线为两端无限延伸的直线，没有起点和终点，主要用于绘制辅助线。

2.1.1　绘制直线

直线是各种图形中最常用的一种图形对象。AutoCAD 中的直线其实是几何学中的线段。AutoCAD 用一系列直线连接各指定点，它可以将一条直线的终点作为下一条直线的起点，并连续地提示输入下一条直线的终点。

单击"绘图"工具栏中的"直线"按钮 ✎，或在命令行输入 L 并按 Enter 键，即可以绘制直线。根据具体图形，绘制直线有多种方法，还可借助辅助工具提高绘图精确度和效率。

【练习 2-1】利用绝对直角坐标绘制图 2-1 所示图形。

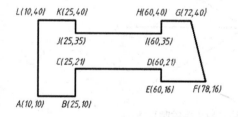

微课 2-1

图 2-1　利用绝对直角坐标绘制直线

(1) 单击"直线"按钮 ✎，或在命令行中输入 L 并按 Enter 键。

(2) 命令行提示为"指定第一点："时，输入 A 点坐标(10,10)(注：未作特别说明时，"输入"一般是指在命令行中输入)。

(3) 命令行提示为"指定下一点或[放弃(U)]："时，输入 B 点坐标(25,10)。

(4) 命令行提示为"指定下一点或[放弃(U)]："时，输入 C 点坐标(25,21)。

(5) 依次在命令行提示为"指定下一点或[闭合(C)/放弃(U)]："时，分别输入 D(60,21)、E(60,16)、F(78,16)、G(72,40)、H(60,40)、I(60,35)、J(25,35)、K(25,40)、L(10,40) 各点坐标。每输入一个点的坐标值后都必须按一次空格键确认。

(6) 输入 L 点的坐标后，在命令行提示为"指定下一点或[闭合(C)/放弃(U)]："时，输入选项 C，闭合图形，完成图形绘制。

【提示】输入点的坐标时，一定要在英文状态下，否则输入的坐标无效。

【练习 2-2】利用相对直角坐标绘制图 2-2 所示图形。

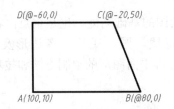

微课 2-2

图 2-2 相对直角坐标绘制直线

(1) 单击"直线"按钮，或在命令行输入 L 并按 Enter 键。

(2) 命令行提示为"指定第一点："时，输入 A 点坐标(100,10)。

(3) 命令行提示为"指定下一点或[放弃(U)]："时，输入 B 点的相对坐标(@80,0)。

(4) 命令行提示为"指定下一点或[放弃(U)]："时，输入 C 点的相对坐标(@-20,50)。

(5) 命令行提示为"指定下一点或[闭合(C)/放弃(U)]："时，输入 D 点相对坐标(@-60,0)。

(6) 命令行提示为"指定下一点或[闭合(C)/放弃(U)]："时，输入选项 C，闭合图形，完成图形绘制。

【练习 2-3】利用绝对极坐标绘制如图 2-3 所示的 4 条直线，即 OA、OB、OC 和 OD。

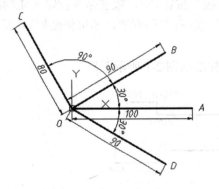

微课 2-3

图 2-3 绝对极坐标绘制直线

(1) 单击"直线"按钮，或在命令行输入 L 并按 Enter 键。

(2) 命令行提示为"指定第一点："时，输入 O 点坐标(0,0)。

(3) 命令行提示为"指定下一点或[放弃(U)]："时，输入 A 点的极坐标(100<0)。

(4) 命令行提示为"指定下一点或[放弃(U)]："时，按空格键，结束绘制直线命令。

(5) 按空格键，重复绘制直线命令。

(6) 命令行提示为"指定第一点："时，输入 O 点坐标(0,0)。

(7) 命令行提示为"指定下一点或[放弃(U)]："时，输入 B 点的极坐标(90<30)。

(8) 命令行提示为"指定下一点或[放弃(U)]："时，按空格键，结束绘制直线命令。

(9) 按空格键，重复绘制直线命令。

(10) 命令行提示为"指定第一点："时，输入 O 点坐标(0,0)。

(11) 命令行提示为"指定下一点或[放弃(U)]："时，输入 C 点的极坐标(80<120)。

(12) 命令行提示为"指定下一点或[放弃(U)]："时，按空格键，结束绘制直线命令。

(13) 按空格键，重复绘制直线命令。

(14) 命令行提示为"指定第一点："时，输入 O 点坐标(0,0)。

(15) 命令行提示为"指定下一点或[放弃(U)]："时，输入 D 点的极坐标(90<-30)。

(16) 命令行提示为"指定下一点或[放弃(U)]："时，按空格键，结束绘制直线命令。

【练习 2-4】利用相对极坐标绘制图 2-4 所示图形。

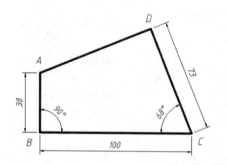

微课 2-4

图 2-4　相对极坐标绘制直线

(1) 单击"直线"按钮，或在命令行输入 L 并按 Enter 键。

(2) 命令行提示为"指定第一点："时，在绘图区单击任一点作为起始点 A。

(3) 命令行提示为"指定下一点或[放弃(U)]："时，输入 B 点相对极坐标(@38<-90)。

(4) 命令行提示为"指定下一点或[放弃(U)]："时，输入 C 点相对极坐标(@100<0)。

(5) 命令行提示为"指定下一点或[闭合(C)/放弃(U)]："时，输入 D 点相对极坐标(@73<112)。

(6) 命令行提示为"指定下一点或[闭合(C)/放弃(U)]："时，输入选项 C，完成图形绘制。

【练习 2-5】启用"捕捉模式"和"栅格显示"绘制图 2-5 所示楼梯图形。

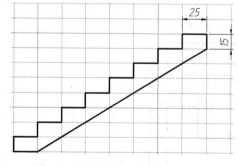

微课 2-5

图 2-5　启用捕捉和栅格绘制楼梯

任务一　设置绘图环境

(1) 单击状态栏上的"捕捉模式"按钮和"栅格显示"按钮，启用"捕捉模式"和"栅格显示"功能。

(2) 右击状态栏中的"捕捉模式"按钮 ，在弹出的快捷菜单中选择"设置"命令，打开"草图设置"对话框。

(3) 在对话框中进行如图 2-6 所示的设置。

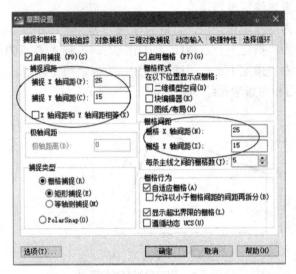

图 2-6 "捕捉和栅格"设置

任务二 绘制图形

(1) 单击"直线"按钮 ，或在命令行输入 L 并按 Enter 键。

(2) 命令行提示为"指定第一点："时，在绘图区单击任一栅格点作为起始点。

(3) 命令行提示为"指定下一点或[放弃(U)]："时，垂直向上追踪下一个栅格点。

(4) 命令行提示为"指定下一点或[放弃(U)]："时，水平向右追踪下一个栅格点。

(5) 命令行提示为"指定下一点或[闭合(C)/放弃(U)]："时，按台阶形状连续向上、向右捕捉下一个栅格点，直至绘制完 8 级台阶。

(6) 继续绘制其他直线，完成台阶绘制。

【练习 2-6】启用"正交模式"绘制图 2-7 所示图形。

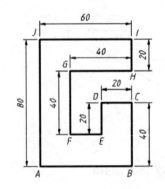

微课 2-6

图 2-7 利用正交模式绘制直线

任务一 设置绘图环境

单击状态栏上的"正交模式"按钮，启用"正交模式"功能。

任务二 绘制图形

(1) 单击"直线"按钮，或在命令行输入 L 并按 Enter 键。

(2) 命令行提示为"指定第一点："时，在绘图区单击任一点作为起始点 A。

(3) 命令行提示为"指定下一点或[放弃(U)]："时，光标水平向右移动，输入直线 AB 的长度 60。

(4) 命令行提示为"指定下一点或[放弃(U)]："时，光标垂直向上移动，输入直线 BC 的长度 40。

(5) 命令行提示为"指定下一点或[闭合(C)/放弃(U)]："时，光标依次水平向左移动 20 绘制直线 CD，垂直向下移动 20 绘制直线 DE，水平向左移动 20 绘制直线 EF，垂直向上移动 40 绘制直线 FG，水平向右移动 40 绘制直线 GH，垂直向上移动 20 绘制直线 HI，水平向左移动 60 绘制直线 IJ。

(6) 绘制直线 IJ 后，命令行提示为"指定下一点或[闭合(C)/放弃(U)]："时，输入选项 C，结束图形绘制。

【练习 2-7】启用"对象捕捉"模式绘制图 2-8 所示图形。

说明：图中 D 为直线 BC 的中点，直线 BE 垂直于直线 AC，F 为直线 AD 与直线 BE 的交点。

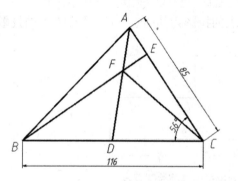

图 2-8 对象捕捉绘制直线

微课 2-7

任务一 设置绘图环境

(1) 右击状态栏中的"对象捕捉"按钮，在弹出的快捷菜单中选择"设置"命令，打开"草图设置"对话框。

(2) 在对话框中选中"启用对象捕捉"复选框，在"对象捕捉模式"栏中选中"端点""中点""交点"和"垂足"复选框。

任务二 绘制图形

1) 绘制三角形 ABC

(1) 单击"直线"按钮，或在命令行输入 L 并按 Enter 键。

(2) 命令行提示为"指定第一点："时，在绘图区单击任一点作为起始点 B。

(3) 命令行提示为"指定下一点或[放弃(U)]："时，输入 C 点相对极坐标(@116<0)。

全国高职高专"十三五"贯穿式＋立体化创新规划教材

(4) 命令行提示为"指定下一点或[放弃(U)]："时，输入 *A* 点相对极坐标(@85<124)。

(5) 命令行提示为"指定下一点或[闭合(C)/放弃(U)]："时，输入选项 C。

2) 绘制中线 *AD*

(1) 按空格键重复绘制直线命令。

(2) 命令行提示为"指定第一点："时，捕捉并单击端点 *A*。

(3) 命令行提示为"指定下一点或[放弃(U)]："时，鼠标指针在直线 *BC* 中点附近移动，出现中点符号△时捕捉并单击该符号，绘制中线 *AD*。

3) 绘制垂线 *BE*

(1) 按空格键重复绘制直线命令。

(2) 命令行提示为"指定第一点："时，捕捉并单击端点 *B*。

(3) 命令行提示为"指定下一点或[放弃(U)]："时，鼠标指针沿直线 *CA* 移动，出现垂足符号└时捕捉并单击该符号，绘制垂线 *BE*。

4) 绘制直线 *FC*

(1) 按空格键重复绘制直线命令。

(2) 命令行提示为"指定第一点："时，捕捉并单击交点 *F*。

(3) 命令行提示为"指定下一点或[放弃(U)]："时，捕捉并单击端点 *C*，绘制直线 *FC*。

【练习2-8】启用"对象捕捉追踪"模式绘制图 2-9 所示图形。

说明：图中 *E* 点在直线 *BC* 上的投影为其中点，在直线 *AB* 上的投影也为其中点。

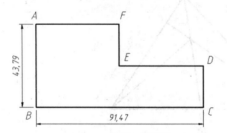

微课 2-8

图 2-9 对象捕捉追踪绘制直线

任务一 设置绘图环境

(1) 单击状态栏上的"正交模式"按钮└、"对象捕捉"按钮□和"对象捕捉追踪"按钮∠，启用"正交模式""对象捕捉"及"对象捕捉追踪"功能。

(2) 右击状态栏中的"对象捕捉追踪"按钮∠，在弹出的快捷菜单中选择"设置"命令，打开"草图设置"对话框，切换到"对象捕捉"选项卡并选中"启用对象捕捉"复选框和"启用对象捕捉追踪"复选框，在"对象捕捉模式"选项组中选中"端点"和"中点"复选框。

任务二 绘制图形

(1) 单击"直线"按钮∕，或在命令行输入 L 并按 Enter 键。

(2) 命令行提示为"指定第一点："时，在绘图区域单击一点作为起点 *A*。

(3) 命令行提示为"指定下一点或[放弃(U)："时，光标垂直向下移动，输入直线 *AB* 的长度 43.79。

(4) 命令行提示为"指定下一点或[放弃(U)："时，光标水平向右移动，输入直线 *BC* 的长度 91.47。

(5) 命令行提示为"指定下一点或[闭合(C)/放弃(U)："时，光标向左移动捕捉直线 *AB* 的中点△，再水平向右移动到两条追踪线垂直相交时单击鼠标，绘制直线 *CD*。

(6) 命令行提示为"指定下一点或[闭合(C)/放弃(U)："时，光标向下移动捕捉直线 *BC* 的中点△，再垂直向上移动到两条追踪线垂直相交时单击鼠标，绘制直线 *DE*。

(7) 命令行提示为"指定下一点或[闭合(C)/放弃(U)："时，光标向左移动捕捉端点 *A*，再水平向右移动到两条追踪线垂直相交时单击鼠标，绘制直线 *EF*。

(8) 命令行提示为"指定下一点或[闭合(C)/放弃(U)："时，输入选项 C，结束图形绘制。

【练习 2-9】启用"极轴追踪"模式绘制图 2-10 所示图形。

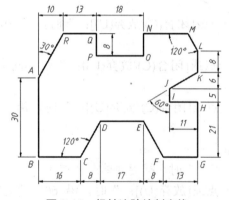

微课 2-9

图 2-10　极轴追踪绘制直线

任务一　设置绘图环境

(1) 单击"极轴追踪"按钮 和"对象捕捉"按钮 ，启用"极轴追踪"和"对象捕捉"功能。

(2) 右击状态栏中的"对象捕捉"按钮 ，在弹出的快捷菜单中选择"设置"命令，打开"草图设置"对话框，切换到"对象捕捉"选项卡并选中"端点"和"交点"复选框。

(3) 将对话框切换到"极轴追踪"选项卡，设置"增量角"为 30°。

任务二　绘制图形

(1) 单击"直线"按钮 ，或在命令行输入 L 并按 Enter 键。

(2) 命令行提示为"指定第一点："时，在绘图区单击任一点作为起始点 *A*。

(3) 命令行提示为"指定下一点或[放弃(U)："时，垂直向下追踪，输入追踪距离 30，绘制直线 *AB*。

(4) 命令行提示为"指定下一点或[放弃(U)："时，水平向右追踪，输入追踪距离 16，绘制直线 *BC*。

(5) 命令行提示为"指定下一点或[闭合(C)/放弃(U)："时，沿 60°角追踪，输入追踪距离 16，绘制直线 *CD*。

(6) 命令行提示为"指定下一点或[闭合(C)/放弃(U)]："时，水平向右追踪，输入追踪距离 17，绘制直线 *DE*。

(7) 命令行提示为"指定下一点或[闭合(C)/放弃(U)]："时，沿 300°角追踪，输入追踪距离 16，绘制直线 *EF*。

(8) 命令行提示为"指定下一点或[闭合(C)/放弃(U)]："时，向右追踪 13 绘制直线 *FG*。

(9) 命令行提示为"指定下一点或[闭合(C)/放弃(U)]："时，向上追踪 21 绘制直线 *GH*。

(10) 命令行提示为"指定下一点或[闭合(C)/放弃(U)]："时，向左追踪 11 绘制直线 *HI*。

(11) 命令行提示为"指定下一点或[闭合(C)/放弃(U)]："时，向上追踪 5 绘制直线 *IJ*。

(12) 命令行提示为"指定下一点或[闭合(C)/放弃(U)]："时，沿 30°角追踪，输入追踪距离 12，绘制直线 *JK*。

(13) 命令行提示为"指定下一点或[闭合(C)/放弃(U)]："时，向上追踪 8 绘制直线 *KL*。

(14) 命令行提示为"指定下一点或[闭合(C)/放弃(U)]："时，沿 120°角追踪稍长距离，按空格键结束绘制直线命令。

(15) 按空格键重复绘制直线命令。

(16) 命令行提示为"指定第一点："时，捕捉并单击 *A* 点。

(17) 命令行提示为"指定下一点或[放弃(U)]："时，沿 60°角追踪，输入追踪距离 20，绘制直线 *AR*。

(18) 命令行提示为"指定下一点或[放弃(U)]："时，向右追踪 13 绘制直线 *RQ*。

(19) 命令行提示为"指定下一点或[闭合(C)/放弃(U)]："时，向下追踪 8 绘制直线 *QP*。

(20) 命令行提示为"指定下一点或[闭合(C)/放弃(U)]："时，向右追踪 18 绘制直线 *PO*。

(21) 命令行提示为"指定下一点或[闭合(C)/放弃(U)]："时，向上追踪 8 绘制直线 *ON*。

(22) 命令行提示为"指定下一点或[闭合(C)/放弃(U)]："时，向右追踪稍长距离，按空格键结束绘制直线命令。

任务三 修剪图形

(1) 单击"修改"工具栏中的"修剪"按钮 ⊬，或在命令行输入 TR 并按 Enter 键。

(2) 命令行提示为"选择剪切边"时，选择直线 *LM* 为修剪边。

(3) 命令行提示为"选择要修剪的对象："时，单击直线 *NM* 中超出图形的多余部分。

(4) 按空格键重复修剪命令。

(5) 命令行提示为"选择剪切边"时，选择直线 *NM* 为修剪边。

(6) 命令行提示为"选择要修剪的对象："时，单击直线 *LM* 中超出图形的多余部分。

【练习 2-10】启用"临时追踪点"绘制图 2-11 所示图形(tt 命令)。

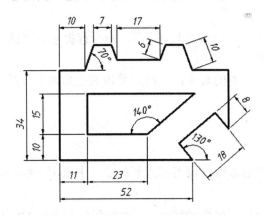

微课 2-10

图 2-11 启用临时追踪点绘制直线

任务一 设置绘图环境

(1) 单击"极轴追踪"按钮 、"对象捕捉"按钮 和"对象捕捉追踪"按钮 ，启用"极轴追踪""对象捕捉"和"对象捕捉追踪"功能。

(2) 右击状态栏中的"对象捕捉"按钮 ，在弹出的快捷菜单中选择"设置"命令，打开"草图设置"对话框，切换到"对象捕捉"选项卡并选中"端点"和"交点"复选框。

(3) 将对话框切换到"极轴追踪"选项卡，设置"增量角"为 10°。

任务二 绘制图形

1) 绘制外围图形

(1) 单击"直线"按钮 ，或在命令行输入 L 并按 Enter 键。

(2) 命令行提示为"指定第一点："时，在绘图区单击一点作为起始点，利用极轴追踪绘制直线的方法，绘制图 2-11 中外围图形的轮廓线。

2) 绘制内部图形

(1) 按空格键重复绘制直线命令。

(2) 命令行提示为"指定第一点："时，输入"临时追踪点"命令 tt。

(3) 命令行提示为"指定临时对象追踪点："时，捕捉外围图形左下角点(勿单击)，并向上追踪 10。

(4) 命令行提示为"指定第一点："时，再向右追踪 11。

(5) 命令行提示为"指定下一点或[放弃(U)]："时，向上追踪 15。

(6) 命令行提示为"指定下一点或[闭合(C)/放弃(U)]："时，向右追踪稍长距离，按空格键结束绘制直线命令。

(7) 按空格键重复绘制直线命令。

(8) 命令行提示为"指定第一点："时，捕捉并单击内部图形左下角点。

(9) 命令行提示为"指定下一点或[放弃(U)]："时，向右追踪 23。

(10) 命令行提示为"指定下一点或[闭合(C)/放弃(U)]:"时,沿 40°角追踪稍长距离。

任务三　修剪图形

(1) 单击"修改"工具栏中的"修剪"按钮 ，命令行提示为"选择剪切边"时,选择内部图形右上角的两条直线。

(2) 命令行提示为"选择要修剪的对象:"时,单击右上角两条直线中超出图形的多余部分,完成图形修剪。

2.1.2　绘制构造线

构造线为两端可以无限延伸的直线,没有起点和终点,主要用于绘制辅助线,有时对绘制一些复杂图形也很有帮助。

单击"绘图"工具栏中的"构造线"按钮 ，或在命令行输入 XL 后按空格键,就可以绘制构造线。

【练习 2-11】绘制图 2-12 所示三角形并将顶角二等分。

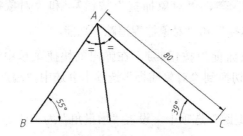

微课 2-11

图 2-12　构造线绘制图形

任务一　设置绘图环境

(1) 单击状态栏中的"极轴追踪""对象捕捉"和"对象捕捉追踪"按钮,启用"极轴追踪""对象捕捉"和"对象捕捉追踪"功能。

(2) 设置"对象捕捉模式"为"端点"和"交点"。

任务二　绘制图形

1) 绘制三角形 ABC

(1) 单击"直线"按钮 ，或在命令行输入 L 并按 Enter 键。

(2) 命令行提示为"指定第一点:"时,在绘图区单击任一点作为起始点 B。

(3) 命令行提示为"指定下一点或[放弃(U)]:"时,向右追踪绘制直线 BC(由于直线 BC 的长度未知,可绘制稍长一些)。

(4) 命令行提示为"指定下一点或[放弃(U)]:"时,输入 A 点极坐标@80<141,绘制直线 CA。

(5) 单击"构造线"按钮 ，或在命令行输入 XL 并按 Enter 键。

(6) 命令行提示为"指定点或[水平(H)/垂直(V)/角度(A)/二等分(B)/偏移(H)/]:"时,输入选项 A。

(7) 命令行提示为"输入构造线的角度(0)或[参照(R)]:"时,输入构造线的角度 55。

(8) 命令行提示为"指定通过点："时，捕捉并单击顶点 *A*。

(9) 单击"修改"工具栏中的"修剪"按钮 ∕⁻⁻，或在命令行输入 TR 并按 Enter 键。

(10) 命令行提示为"选择剪切边"时，选择 *CA* 和 *CB* 两条直线作为修剪边。

(11) 命令行提示为"选择要修剪的对象："时，单击构造线 *AB* 中超出三角形的多余部分。

(12) 用同样的方法，选择直线 *AB* 为剪切边，修剪直线 *BC* 中超出三角形的多余部分。

2) 二等分∠*BAC*

(1) 单击"构造线"按钮 ✎，或在命令行输入 XL 并按 Enter 键。

(2) 命令行提示为"指定点或[水平(H)/垂直(V)/角度(A)/二等分(B)/偏移(H)/]："时，输入选项 B。

(3) 命令行提示为"输入构造线的角度(O)或[参照(R)]："时，输入选项 R。

(4) 命令行提示为"指定角的顶点："时，捕捉并单击顶点 *A*。

(5) 命令行提示为"指定角的起点："时，捕捉并单击顶点 *B*。

(6) 命令行提示为"指定角的端点："时，捕捉并单击顶点 *C*。

(7) 单击"修改"工具栏中的"修剪"按钮 ∕⁻⁻，或在命令行输入 TR 并按 Enter 键。

(8) 命令行提示为"选择剪切边"时，选择 *AB* 和 *BC* 两条直线作为修剪边。

(9) 命令行提示为"选择要修剪的对象："时，单击构造线 *AD* 中超出三角形的多余部分。

【练习 2-12】绘制图 2-13 所示图形。

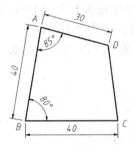

微课 2-12

图 2-13 构造线绘制图形

任务一 设置绘图环境

(1) 单击状态栏中的"极轴追踪""对象捕捉"和"对象捕捉追踪"按钮，启用"极轴追踪""对象捕捉"和"对象捕捉追踪"功能。

(2) 设置"对象捕捉模式"为"端点"和"交点"。

任务二 绘制图形

(1) 单击"直线"按钮 ∕，或在命令行输入 L 并按 Enter 键。

(2) 命令行提示为"指定第一点："时，在绘图区单击任一点作为起始点 *C*。

(3) 命令行提示为"指定下一点或[放弃(U)]："时，向左追踪绘制一条长为 40 的直线 *CB*。

(4) 命令行提示为"指定下一点或[放弃(U)]："时，输入 *A* 点的相对极坐标 @40<80，绘制直线 *BA*。

全国高职高专「十三五」贯穿式＋立体化创新规划教材

(5) 单击"构造线"按钮✐，或在命令行输入 XL 并按 Enter 键。

(6) 命令行提示为"指定点或[水平(H)/垂直(V)/角度(A)/二等分(B)/偏移(H)/]："时，输入选项 A。

(7) 命令行提示为"输入构造线的角度(O)或[参照(R)]："时，输入选项 R。

(8) 命令行提示为"选择直线对象："时，捕捉直线 AB。

(9) 命令行提示为"输入构造线的角度："时，输入 85。

(10) 命令行提示为"指定通过点："时，捕捉并单击顶点 A，结果如图 2-14 所示。

(11) 单击"圆"按钮◉，或在命令行输入 C 并按 Enter 键。

(12) 命令行提示为"指定圆的圆心或[三点(3P)/两点(2P)/切点、切点、半径(T)]："时，单击 A 点作为圆心。

(13) 命令行提示为"指定圆的半径或[直径(D)]："时，输入圆的半径 30，绘制如图 2-15 所示的圆。

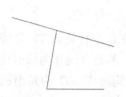

图 2-14　绘制构造线

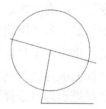

图 2-15　绘制圆

(14) 单击"直线"按钮✐，或在命令行输入 L 并按 Enter 键。

(15) 绘制一条连接端点 C 与 D 的直线，如图 2-16 所示。

(16) 单击鼠标左键选择圆，按键盘上的 Delete 键删除圆形，如图 2-17 所示。

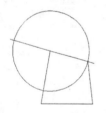

图 2-16　连接直线

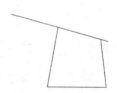

图 2-17　删除圆

(17) 单击"修改"工具栏中的"修剪"按钮✂，或在命令行输入 TR 并按 Enter 键。

(18) 命令行提示为"选择剪切边"时，选择 AB 和 CD 两条直线作为修剪边。

(19) 命令行提示为"选择要修剪的对象："时，单击构造线 AB 中超出四边形的多余部分。

2.2　绘制圆和圆弧

在 AutoCAD 中，圆和圆弧属于曲线对象，曲线上各点都围绕一个中心点(即圆心)排列而成，其绘制方法相对线性对象要复杂，绘制方法也较多。

2.2.1 绘制圆

圆也是最常用的基本图元之一，AutoCAD 提供了 6 种绘制圆的方法，用户可以根据不同的已知条件选择不同的绘制方法。

单击"绘图"工具栏中的"圆"按钮 ⊙，或在命令行输入 C 并按 Enter 键，或选择菜单命令"绘图"→"圆"的子命令，均可绘制圆形。但"相切、相切、相切"命令绘制圆的方法只能通过菜单命令来执行。

使用"相切、相切、半径"或"相切、相切、相切"命令时，系统总是在距拾取点最近的位置绘制相切的圆，因此，拾取相切对象时，拾取的位置不同，得到的结果可能也不同，如图 2-18 所示。

图 2-18　使用"相切、相切、半径"命令时切点不同则结果不同

【练习 2-13】绘制图 2-19 所示图形。

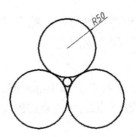

图 2-19　绘制圆形图形

微课 2-13

任务一　设置绘图环境

(1) 启用"极轴追踪""对象捕捉"和"对象捕捉追踪"功能。

(2) 设置"对象捕捉模式"为"圆心"。

任务二　绘制图形

(1) 单击"圆"按钮 ⊙，或在命令行输入 C 并按 Enter 键。

(2) 命令行提示为"指定圆的圆心或[三点(3P)/两点(2P)/切点、切点、半径(T)]："时，在绘图区单击任一点作为圆心。

(3) 命令行提示为"指定圆的半径或[直径(D)]："时，输入圆的半径 50，绘制第一个圆。

(4) 按空格键，重复绘制圆命令。

(5) 命令行提示为"指定圆的圆心或[三点(3P)/两点(2P)/切点、切点、半径(T)]："时，捕捉第一个圆的圆心(勿单击)，鼠标水平向右追踪，输入追踪距离 100 作为第二个圆的圆心位置。

(6) 命令行提示为"指定圆的半径或[直径(D)]："时，输入圆的半径 50。

(7) 按空格键，重复绘制圆命令。

全国高职高专「十三五」贯穿式＋立体化创新规划教材

(8) 命令行提示为"指定圆的圆心或[三点(3P)/两点(2P)/切点、切点、半径(T)]:"时，输入选项 T。

(9) 命令行提示为"指定对象与圆的第一个切点:"时，在左侧圆周的右上方单击。

(10) 命令行提示为"指定对象与圆的第二个切点:"时，在右侧圆周的左上方单击。

(11) 命令行提示为"指定圆的半径:"时，输入第三个圆的半径 50。

(12) 选择菜单命令"绘图"→"圆"→"相切、相切、相切"。

(13) 分别在 3 个相切大圆内侧圆周上单击作为 3 个递延切点，绘制中心的小圆。

【练习 2-14】绘制图 2-20 所示图形。

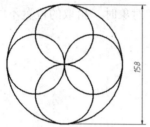

微课 2-14

图 2-20 绘制圆形图形

任务一 设置绘图环境

(1) 启用"极轴追踪""对象捕捉"和"对象捕捉追踪"功能。

(2) 设置"对象捕捉模式"为"圆心"和"象限点"。

任务二 绘制图形

(1) 单击"圆"按钮 ⊘，或在命令行输入 C 并按 Enter 键。

(2) 命令行提示为"指定圆的圆心或[三点(3P)/两点(2P)/切点、切点、半径(T)]:"时，在绘图区域单击一点作为圆心。

(3) 命令行提示为"指定圆的半径或[直径(D)]:"时，输入选项 D。

(4) 命令行提示为"指定圆的直径:"时，输入 158。

(5) 按空格键重复绘制圆命令。

(6) 命令行提示为"指定圆的圆心或[三点(3P)/两点(2P)/切点、切点、半径(T)]:"时，输入选项 2P。

(7) 命令行提示为"指定圆直径的第一个端点:"时，捕捉并单击圆周上 Y 轴正向的象限点。

(8) 命令行提示为"指定圆直径的第二个端点:"时，捕捉并单击直径为 158 的圆的圆心。

(9) 用同样的方法，绘制大圆内部其他 3 个小圆。

【练习 2-15】绘制图 2-21 所示图形。

任务一 设置绘图环境

(1) 启用"极轴追踪""对象捕捉"和"对象捕捉追踪"功能。

(2) 设置"对象捕捉模式"为"端点"和"交点"。

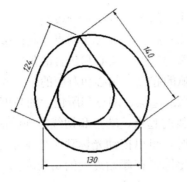

图 2-21　绘制圆形图形

任务二　绘制图形

(1) 执行"直线"命令，绘制长度为 130 的水平直线。

(2) 执行"圆"命令，捕捉水平直线左侧端点为圆心，绘制半径为 124 的圆。

(3) 按空格键重复绘制圆命令，捕捉水平直线右侧端点为圆心，绘制半径为 140 的圆，如图 2-22 所示。

(4) 执行"直线"命令，分别连接两圆上方的交点与水平直线两个端点，如图 2-23 所示。

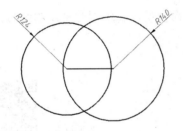

图 2-22　绘制辅助圆

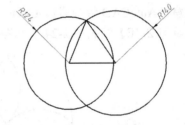

图 2-23　绘制直线

(5) 单击鼠标选中两个辅助圆，按键盘上的 Delete 键将其删除。

(6) 执行菜单命令"绘图"→"圆"→"相切、相切、相切"，光标移动到 3 条直线上时均会出现"递延切点"符号◯···，依次在 3 条直线上单击，绘制内切圆。

(7) 按空格键重复圆命令，命令行提示为"指定圆的圆心或[三点(3P)/两点(2P)/切点、切点、半径(T)]："时，输入选项"3P"。

(8) 命令行提示为"指定圆上的第一个点："时，单击三角形的第一个顶点。

(9) 命令行提示为"指定圆上的第二个点："时，单击三角形的第二个顶点。

(10) 命令行提示为"指定圆上的第三个点："时，单击三角形的第三个顶点，完成外接圆的绘制。

2.2.2　绘制圆弧

圆弧是圆的一部分，可以由圆心、起点、端点、包含角、半径、弦长、方向等参数中的几个参数来确定。单击"圆弧"按钮 ⌒，或在命令行中输入 A 并按 Enter 键，或在命令菜单中选择"绘图"→"圆弧"命令的子命令，均可绘制圆弧。AutoCAD 提供了 11 种绘制圆弧的方法，用户可以根据不同的已知条件选择不同的绘制方法。

- 三点：通过指定不在一条直线上的 3 个点绘制一段圆弧。
- 起点、圆心、端点：指定圆弧的起点、圆心和端点绘制圆弧。
- 起点、圆心、角度：指定圆弧的起点、圆心和包含的角度绘制圆弧。
- 起点、圆心、长度：指定圆弧的起点、圆心和对应的弦长绘制圆弧。
- 起点、端点、角度：指定圆弧的起点、端点和所包含的角度绘制圆弧。
- 起点、端点、方向：指定圆弧的起点、端点和切线方向绘制圆弧。当命令行提示 "指定圆弧的起点切向："时，可以拖动光标动态地确定圆弧在起始点处的切线方向与水平方向的夹角。确定圆弧在起始点处的切线方向后单击，即可得到相应的圆弧。
- 起点、端点、半径：指定圆弧的起点、端点和半径绘制圆弧。
- 圆心、起点、端点：指定圆弧的圆心、起点和端点绘制圆弧。
- 圆心、起点、角度：指定圆弧的圆心、起点和包含的角度绘制圆弧。
- 圆心、起点、长度：指定圆弧的圆心、起点和对应的弦长绘制圆弧。
- 继续：以上次结束的图元的端点为起点绘制圆弧。上次结束的可以是圆弧，也可以是其他图形的端点。使用此命令绘制的圆弧会和之前绘制的图元终点相切，而且此命令只需单击该圆弧的终点一个点即可。

注意：AutoCAD 绘制圆弧是以逆时针方向为正方向，所以在绘制时要注意方向。

【练习 2-16】绘制图 2-24 所示图形。

微课 2-16

图 2-24　绘制有圆弧的图形

任务一　设置绘图环境

(1) 启用"极轴追踪""对象捕捉"和"对象捕捉追踪"功能。

(2) 设置"对象捕捉模式"为"圆心"和"象限点"。

任务二　绘制图形

(1) 单击"圆"按钮 ⊙ ，或在命令行输入 C 并按 Enter 键。

(2) 命令行提示为"指定圆的圆心或[三点(3P)/两点(2P)/切点、切点、半径(T)]："时，在绘图区域单击一点作为圆心。

(3) 命令行提示为"指定圆的半径或[直径(D)]："时，输入选项 D。

(4) 命令行提示为"指定圆的直径："时，输入 80。

(5) 执行菜单命令"绘图"→"圆弧"→"三点"。

(6) 命令行提示为"指定圆弧的起点或[圆心(C)]："时，依次单击 Y 轴正向象限点、圆心、X 轴正向象限点，绘制第一段圆弧。

(7) 用同样的方法，绘制其余 3 段圆弧。

【练习 2-17】绘制图 2-25 所示图形。

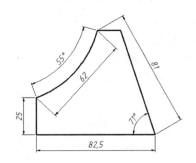

图 2-25 绘制有圆弧的图形

任务一 设置绘图环境

(1) 启用状态栏中的"极轴追踪""对象捕捉"和"对象捕捉追踪"功能。

(2) 设置"对象捕捉模式"为"端点"和"交点"。

任务二 绘制图形

(1) 单击"直线"按钮，或在命令行输入 L 并按 Enter 键。

(2) 命令行提示为"指定第一点："时，在绘图区单击一点作为起点。

(3) 命令行提示为"指定下一点或[放弃(U)]："时，向下追踪 25。

(4) 命令行提示为"指定下一点或[放弃(U)]："时，向右追踪 82.5。

(5) 命令行提示为"指定下一点或[闭合(C)/放弃(U)]："时，在命令行输入极坐标
"<109"，绘制与底边水平直线夹角为 71°的斜线。由于斜线长度未知，绘制时应比实际
长度稍长。

(6) 单击"圆"按钮，或在命令行输入 C 并按 Enter 键。

(7) 命令行提示为"指定圆的圆心或[三点(3P)/两点(2P)/切点、切点、半径(T)]："
时，单击夹角为 71°的角的顶点为圆心，绘制半径为 81 的辅助圆。

(8) 按空格键重复执行绘制圆命令。

(9) 命令行提示为"指定圆的圆心或[三点(3P)/两点(2P)/切点、切点、半径(T)]："
时，单击长度为 25 的竖直线的上端点为圆心，绘制半径为 62 的辅助圆，如图 2-26 所示。

(10) 单击"直线"按钮，或在命令行输入 L 并按 Enter 键。

(11) 命令行提示为"指定第一点："时，捕捉两辅助圆上方的交点。

(12) 命令行提示为"指定下一点或[放弃(U)]："时，向右捕捉到与斜线的交点，如
图 2-27 所示。

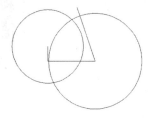

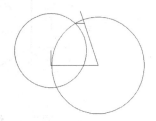

图 2-26 绘制辅助圆   图 2-27 绘制直线

(13) 单击鼠标选择两个辅助圆,按键盘上的 Delete 键将其删除。

(14) 单击"修剪"按钮,或在命令行输入"TR"命令。

(15) 命令行提示为"选择剪切边:"时,选择第(12)步绘制的水平短直线。

(16) 命令行提示为"选择要修剪的对象:"时,选择短直线上方的斜线部分。

(17) 选择"绘图"→"圆弧"→"起点、端点、角度"菜单命令。

(18) 命令行提示为"指定圆弧的起点或[圆心(C):"时,捕捉长度 25 的直线的上端点。

(19) 命令行提示为"指定圆弧的端起:"时,捕捉水平短直线的左端点。

(20) 命令行提示为"指定包含角:"时,输入 55,完成圆弧的绘制。

2.3　绘制椭圆和椭圆弧

在 AutoCAD 中,椭圆和椭圆弧也属于曲线对象,曲线上各点是平面内与两定点 F_1、F_2 的距离的和等于常数的动点 P 的轨迹,其绘制方法相对线性对象要复杂些。

2.3.1　绘制椭圆

椭圆是一种特殊的圆,实际上就是两个轴不等长的圆。较长的轴称为长轴,较短的轴称为短轴。在 AutoCAD 2012 中,绘制椭圆的方法有两种:可以选择"绘图"→"椭圆"→"圆心"菜单命令,指定椭圆中心、一个轴的端点(主轴)以及另一个轴的半轴长度绘制椭圆;也可以选择"绘图"→"椭圆"→"轴、端点"菜单命令,指定一个轴的两个端点(主轴)和另一个轴的半轴长度绘制椭圆。用户可以根据已知条件,灵活选择所需的一种绘制方法。

单击"绘图"工具栏中的"椭圆"按钮 ⬭,或在命令行中输入 EL 并按 Enter 键,或在命令菜单中选择"绘图"→"椭圆"命令的子命令,均可绘制椭圆。

【练习 2-18】绘制图 2-28 所示图形。

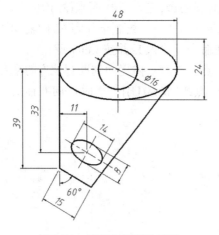

微课 2-18

图 2-28　绘制有椭圆的图形

任务一　设置绘图环境

(1) 启用状态栏中的"极轴追踪""对象捕捉"和"对象捕捉追踪"功能。

(2) 设置"对象捕捉模式"为"端点""交点"和"切点"。

(3) 单击"图层"工具栏中的"图层特性管理器"按钮 ，或在命令行输入 LA 并按 Enter 键，打开"图层特性管理器"对话框，新建 3 个图层，一个是"中心线"图层，颜色为红色，线型加载为 ACAD_ISO04W100；一个是"轮廓线"图层，线宽为 0.3mm；一个是"标注"图层，颜色为青色。图层设置效果如图 2-29 所示。

图 2-29　建立新图层

(4) 选择"格式"→"线型"菜单命令，或在命令行输入 LT 并按 Enter 键，打开"线型管理器"对话框，在"全局比例因子"文本框中输入点划线的比例因子为 0.5。

任务二　绘制中心线

(1) 选择"中心线"图层为当前图层。

(2) 执行"直线"命令，绘制长约 56 的水平中心线(比椭圆的长轴稍长即可)。

(3) 按空格键重复直线命令，绘制与水平中心线垂直相交的竖直中心线。

任务三　绘制图形

1) 绘制外轮廓

(1) 选择"轮廓线"图层为当前图层。

(2) 单击"椭圆"按钮 ，或在命令行输入 EL 并按 Enter 键。

(3) 命令行提示为"指定椭圆的轴端点或[圆弧(A)/中心点(C)]："时，输入选项 C。

(4) 命令行提示为"指定椭圆的中心点："时，单击水平中心线和垂直中心线的交点。

(5) 命令行提示为"指定轴的端点："时，光标向右追踪，输入追踪距离 24。

(6) 命令行提示为"指定另一条半轴长度或[旋转(R)]："时，光标向上追踪，输入追踪距离 12。

(7) 执行"圆"命令，以水平中心线和垂直中心线的交点为圆心，绘制直径为 16 的圆。

(8) 执行"直线"命令，以椭圆左侧与水平中心线的交点为起点，向下追踪 39，绘制椭圆左侧竖线；输入极坐标@15<-30，绘制与竖线夹角 60°的斜线；鼠标指针移动到椭圆右下方，出现切点符号 ...时，单击鼠标，绘制与椭圆相切的斜线，效果如图 2-30 所示。

2) 绘制内部椭圆

(1) 单击"椭圆"按钮，或在命令行输入 EL 并按 Enter 键。

(2) 命令行提示为"指定椭圆的轴端点或[圆弧(A)/中心点(C)]:"时，输入选项 C。

(3) 命令行提示为"指定椭圆的中心点:"时，输入"临时追踪点"命令 tt。

(4) 命令行提示为"指定临时对象追踪点:"时，捕捉水平中心线与椭圆左侧交点(勿单击)，并向下追踪 33。

(5) 命令行提示为"指定椭圆的中心点:"时，向右追踪 11 确定中心点。

(6) 命令行提示为"指定轴的端点:"时，向右追踪 7。

(7) 命令行提示为"指定另一条半轴长度或[旋转(R)]:"时，向上追踪 4。

(8) 执行"直线"命令，绘制通过椭圆中心的水平直线与垂直直线，并将其切换到"中心线"图层，效果如图 2-31 所示。

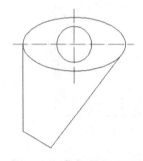

图 2-30 绘制外轮廓

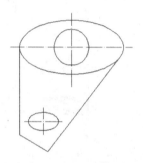

图 2-31 绘制内部椭圆

(9) 单击"修改"工具栏中的"旋转"按钮 ○，或在命令行输入 RO 并按 Enter 键。

(10) 命令行提示为"选择对象:"时，单击图形中下方的椭圆及两条中心线。

(11) 命令行提示为"指定基点:"时，单击椭圆的中心点。

(12) 命令行提示为"指定旋转角度，或[复制(C)/参照(R)]:"时，输入-30。

2.3.2 绘制椭圆弧

椭圆弧是椭圆的一部分。执行椭圆弧命令后，会首先绘制一个完整的椭圆，然后按逆时针方向移动光标从起点到端点保留所需要的一段椭圆弧；或者从起点到端点按顺时针方向删除椭圆的一部分，剩余部分即为需要的椭圆弧。

单击"绘图"工具栏中的"椭圆弧"按钮 ⌒，或选择"绘图"→"椭圆"→"圆弧"菜单命令，便可绘制椭圆弧。

【练习 2-19】绘制图 2-32 所示图形。

任务一 设置绘图环境

(1) 启用状态栏中的"极轴追踪""对象捕捉"和"对象捕捉追踪"功能，并设置"对象捕捉模式"为"端点"和"交点"。

(2) 新建 3 个图层，一个是"中心线"图层，颜色为红色，线型加载为 ACAD_ISO04W100；一个是"轮廓线"图层，线宽为 0.3mm；一个是"标注"图层，颜色为青色。

(3) 设置"线型"的"全局比例因子"为0.5。

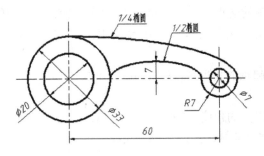

微课2-19

图2-32　绘制有椭圆弧的图形

任务二　绘制中心线

(1) 选择"中心线"图层为当前图层。

(2) 执行"直线"命令，绘制一条长约100的水平中心线和一条竖直中心线。

(3) 单击"修改"工具栏中的"偏移"按钮，或在命令行输入O并按Enter键。

(4) 命令行提示为"指定偏移距离或[通过(T)/删除(E)/图层(L)]:"时，输入偏移距离60。

(5) 命令行提示为"选择要偏移的对象，或[退出(E)/放弃(U)]:"时，单击垂直中心线。

(6) 命令行提示为"指定要偏移的那一侧上的点，或[退出(E)/多个(M)/放弃(U)]:"时，在垂直中心线右侧任一位置单击。

任务三　绘制图形

(1) 选择"轮廓线"图层为当前图层。

(2) 以左侧垂直中心线和水平中心线的交点为圆心，分别绘制直径为20和33的两个圆。

(3) 以右侧垂直中心线和水平中心线的交点为圆心，分别绘制半径为7和直径为7的两个圆。

(4) 单击"椭圆弧"按钮，或执行菜单命令"绘图"→"椭圆"→"圆弧"。

(5) 命令行提示为"指定椭圆弧的轴端点或[中心点(C)]:"时，单击水平中心线与左侧大圆右侧的交点。

(6) 命令行提示为"指定轴的另一个端点:"时，单击水平中心线与右侧大圆左侧的交点。

(7) 命令行提示为"指定另一条半轴的长或[旋转(R)]:"时，输入半轴长度7。

(8) 命令行提示为"指定起点的角度或[参数(P)]:"时，单击水平中心线与右侧大圆左侧的交点。

(9) 命令行提示为"指定端点的角度或[参数(P)/包含角度(I)]:"时，单击水平中心线与左侧大圆右侧的交点，绘制的1/2椭圆如图2-33所示。

(10) 按空格键重复"椭圆弧"命令。

(11) 命令行提示为"指定椭圆弧的轴端点或[中心点(C)]:"时，输入选项C。

(12) 命令行提示为"指定椭圆弧的中心点:"时，单击左侧垂直中心线和水平中心线

全国高职高专「十三五」贯穿式+立体化创新规划教材

的交点。

(13) 命令行提示为"指定轴的端点："时，单击水平线与右侧大圆右侧的交点。

(14) 命令行提示为"指定另一条半轴的长度或[旋转(R)]："时，单击水平中心线与左侧大圆上方的交点。

(15) 命令行提示为"指定起点的角度或[参数(P)]："时，单击水平中心线与右侧大圆右侧的交点。

(16) 命令行提示为"指定端点的角度或[参数(P)/包含角度(I)]："时，单击水平中心线与左侧大圆上方的交点，绘制的 1/4 椭圆如图 2-34 所示。

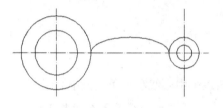

图 2-33　绘制 1/2 椭圆

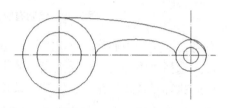

图 2-34　绘制 1/4 椭圆

(17) 单击"修剪"按钮 ，或在命令行输入 TR 并按 Enter 键。

(18) 命令行提示为"选择剪切边"时，选择 1/4 椭圆弧。

(19) 命令行提示为"选择要修剪的对象："时，选择 1/4 椭圆弧右上角之外大圆的部分。

(20) 单击选中右侧竖直中心线，利用两端的夹点调整中心线的长度。

2.4　绘制矩形和正多边形

在 AutoCAD 中，矩形和正多边形的各边并非单独对象，各边共同构成一个完整的整体，不能对其中的某一段进行单独编辑，除非使用分解命令(EXPLODE)将其转换成单独的直线段后才能编辑。

2.4.1　绘制矩形

利用"矩形"命令不仅可以绘制标准矩形，而且利用此命令中的不同参数，还可以绘制倒角矩形、圆角矩形、有厚度的矩形和有宽度的矩形等多种矩形，如图 2-35 所示。

单击"绘图"工具栏中的"矩形"按钮 ，或在命令行输入 REC 并按 Enter 键，即可绘制矩形。

矩形　　　　　　　　倒角矩形　　　　　　　　圆角矩形

图 2-35　矩形的各种形式

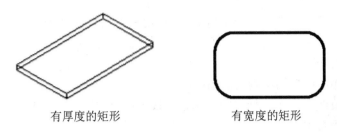

有厚度的矩形   有宽度的矩形

图 2-35 矩形的各种形式(续)

【练习 2-20】绘制图 2-36 所示图形。

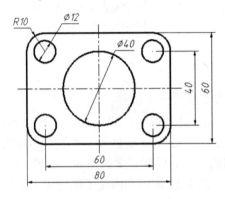

微课 2-20

图 2-36 绘制有圆角矩形的图形

任务一 设置绘图环境

(1) 启用状态栏中的"极轴追踪""对象捕捉"和"对象捕捉追踪"功能,并设置"对象捕捉模式"为"端点""中点"和"圆心"。

(2) 新建 3 个图层,一个是"中心线"图层,颜色为红色,线型加载为 ACAD_ISO04W100;一个是"轮廓线"图层,线宽为 0.3mm;一个是"标注"图层,颜色为青色。

(3) 设置"线型"的"全局比例因子"为 0.5。

任务二 绘制图形

1) 绘制圆角矩形

(1) 选择"轮廓线"图层为当前图层。

(2) 单击"矩形"按钮 ⬜,或在命令行输入 REC 并按 Enter 键。

(3) 命令行提示为"指定第一个角点或[倒角(C)/标高(E)/圆角(F)/厚度(T)/宽度(W)]"时,输入选项 F。

(4) 命令行提示为"指定矩形的圆角半径:"时,输入 10。

(5) 命令行提示为"指定第一个角点或[倒角(C)/标高(E)/圆角(F)/厚度(T)/宽度(W)]"时,单击绘图区域内任一点。

(6) 命令行提示为"指定另一个角点或[面积(A)/尺寸(D)/旋转(R)]:"时,输入选项 D。

(7) 命令行提示为"指定矩形的长度:"时,输入 80。

(8) 命令行提示为"指定矩形的宽度:"时,输入 60。

全国高职高专『十三五』贯穿式+立体化创新规划教材

(9) 命令行提示为"指定另一个角点或[面积(A)/尺寸(D)/旋转(R)]: "时，在矩形第一个角点位置的右上方单击，结束矩形绘制。

2) 绘制中心线

(1) 选择"中心线"图层为当前图层。

(2) 执行"直线"命令，捕捉矩形两条垂线的中点绘制水平中心线，捕捉矩形两条水平线的中点绘制垂直中心线。

3) 绘制内部圆形

(1) 选择"轮廓线"图层为当前图层。

(2) 执行"圆"命令，以水平中心线与垂直中心线的交点为圆心，绘制直径为40的圆。

(3) 重复"圆"命令，分别捕捉矩形4个圆角的圆心，绘制4个直径为12的小圆。

2.4.2 绘制正多边形

正多边形是指各边相等、各内角也相等的多边形。

单击"绘图"工具栏中的"多边形"按钮 ⬡ ，或在命令行输入 POL 并按 Enter 键，可以绘制边数为 3~1024 的正多边形。AutoCAD 提供了 3 种绘制正多边形的方式，即边长方式、内接于圆的方式和外切于圆的方式。绘制正多边形时，判断是内接于圆还是外切于圆主要根据图中给定的尺寸来确定。图 2-37 所示为内接于圆的正多边形与外切于圆的正多边形的对比。

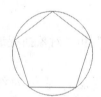　　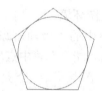

(a) 内接于圆的正多边形　　　　　(b) 外切于圆的正多边形

图 2-37　正多边形与圆的关系

【练习 2-21】绘制图 2-38 所示图形。

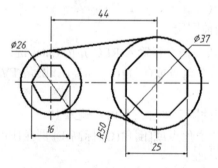

微课 2-21

图 2-38　绘制有正多边形的图形

任务一　设置绘图环境

(1) 启用状态栏中的"极轴追踪""对象捕捉"和"对象捕捉追踪"功能，并设置

"对象捕捉模式"为"交点"和"切点"。

(2) 新建 3 个图层：一个是"中心线"图层，颜色为红色，线型加载为 ACAD_ISO04W100；一个是"轮廓线"图层，线宽为 0.3mm；一个是"标注"图层，颜色为青色。

(3) 设置"线型"的"全局比例因子"为 0.5。

任务二 绘制中心线

(1) 选择"中心线"图层为当前图层。

(2) 执行"直线"命令，绘制一条水平中心线和一条垂直中心线。

(3) 执行"偏移"命令，将垂直中心线向右偏移 44。

任务三 绘制图形

(1) 选择"轮廓线"图层为当前图层。

(2) 执行"圆"命令，以左侧垂直中心线和水平中心线的交点为圆心绘制直径为 26 的圆，以右侧垂直中心线和水平中心线的交点为圆心绘制直径为 37 的圆。

(3) 单击"正多边形"按钮 ⬠，或在命令行输入 POL 并按 Enter 键。

(4) 命令行提示为"输入侧面数："时，输入正多边形的边数 6。

(5) 命令行提示为"指定正多边形的中心点或[边(E)]:"时，单击左侧垂直中心线与水平中心线的交点，作为正多边形的中心点。

(6) 命令行提示为"输入选项[内接于圆(I)/外切于圆(C)]："时，输入选项 I，使用内接圆方式绘制正六边形。

(7) 命令行提示为"指定圆的半径："时，输入 8。

(8) 按空格键重复执行正多边形命令。

(9) 命令行提示为"输入侧面数："时，输入正多边形的边数 8。

(10) 命令行提示为"指定正多边形的中心点或[边(E)]:"时，单击右侧垂直中心线与水平中心线的交点，作为正多边形的中心点。

(11) 命令行提示为"输入选项[内接于圆(I)/外切于圆(C)]："时，输入选项 C，使用外切圆方式绘制正八边形。

(12) 命令行提示为"指定圆的半径："时，输入 12.5。

(13) 执行"直线"命令，将鼠标指针移至左侧大圆上方，当显示"递延切点"标记时，单击拾取该点；将指针移至右侧大圆上方，拾取另一个递延切点，绘制图形上方与两圆相切的直线。

(14) 执行菜单命令"绘图"→"圆"→"相切、相切、半径"，绘制与两圆相切，且半径为 50 的圆。

(15) 执行"修剪"命令，以两个大圆为剪切边，修剪半径为 50 的圆。

2.5 绘制多段线和样条曲线

多段线是由多段直线段或圆弧段组成的连续线条，它是一个组合体；样条曲线是指给定一组控制点而得到一条曲线，曲线的大致形状由这些点予以控制。可以将多段线拟合为样条曲线。

全国高职高专『十三五』贯穿式＋立体化创新规划教材

2.5.1　绘制多段线

多段线是由多段直线或圆弧构成的连续线条，其中各段直线或弧线可以有不同的宽度。

在 AutoCAD 中绘制的多段线，无论有多少段直线段或圆弧，均为一个整体，不能对其中的某一段进行单独编辑，除非使用分解命令(EXPLODE)将其转换成单独的直线段和弧线段后才能编辑。

单击"绘图"工具栏中的"多段线"按钮 ⊷，或在命令行输入 PL 并按 Enter 键，即可开始绘制多段线。

【练习 2-22】绘制图 2-39 所示图形。

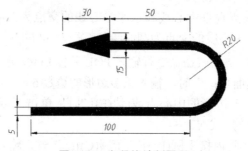

微课 2-22

图 2-39　多段线绘制图形

任务一　设置绘图环境

(1) 启用状态栏中的"极轴追踪""对象捕捉"和"对象捕捉追踪"功能，并设置"对象捕捉模式"为"端点"和"圆心"。

(2) 新建两个图层：一个是"轮廓线"图层，采用默认值；一个是"标注"图层，颜色为青色。

任务二　绘制外轮廓

(1) 选择"轮廓线"图层为当前图层。

(2) 单击"多段线"按钮 ⊷，或在命令行输入 PL 并按 Enter 键。

(3) 命令行提示为"指定起点："时，在绘图区域单击一点作为起点。

(4) 命令行提示为"指定下一个点或[圆弧(A)/半宽(H)/长度(L)/放弃(U)/宽度(W)]："时，输入选项 W。

(5) 命令行提示为"指定起点宽度："时，输入起点宽度 5。

(6) 命令行提示为"指定端点宽度："时，输入端点宽度 5。

(7) 命令行提示为"指定下一个点或[圆弧(A)/半宽(H)/长度(L)/放弃(U)/宽度(W)]："时，向上追踪 100。

(8) 命令行提示为"指定下一个点或[圆弧(A)/闭合(C)/半宽(H)/长度(L)/放弃(U)/宽度(W)]："时，输入选项 A。

(9) 命令行提示为"指定圆弧的端点或[角度(A)/圆心(CE)/闭合(CL)/方向(D)/半宽(H)/直线(L)/半径(R)/第二个点(S)/放弃(U)/宽度(W)]："时，向上追踪 40。

(10) 命令行提示为"指定圆弧的端点或[角度(A)/圆心(CE)/闭合(CL)/方向(D)/半宽(H)/

直线(L)/半径(R)/第二个点(S)/放弃(U)/宽度(W)]："时，输入选项 L。

(11) 命令行提示为"指定下一个点或[圆弧(A)/闭合(C)/半宽(H)/长度(L)/放弃(U)/宽度(W)]："时，向左追踪 50。

(12) 命令行提示为"指定下一个点或[圆弧(A)/半宽(H)/长度(L)/放弃(U)/宽度(W)]："时，输入选项 W。

(13) 命令行提示为"指定起点宽度："时，输入起点宽度 15。

(14) 命令行提示为"指定端点宽度："时，输入端点宽度 0。

(15) 命令行提示为"指定下一个点或[圆弧(A)/半宽(H)/长度(L)/放弃(U)/宽度(W)]："时，向左追踪 30。

2.5.2 绘制样条曲线

样条曲线是经过一系列给定点的光滑曲线，适于表达具有不规则变化曲率的曲线。可以用样条曲线绘制一些地形图中的地形线、盘形凸轮轮廓曲线、局部剖面的分界线等。

单击"绘图"工具栏中的"样条曲线"按钮 ～，或在命令行输入 SPL 并按 Enter 键，可以绘制样条曲线。

【练习 2-23】绘制图 2-40 所示图形。

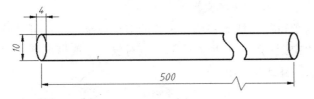

图 2-40 用样条曲线绘制断面

微课 2-23

说明：圆柱的实际长度为 500mm，绘制的长度为 100mm。

任务一 设置绘图环境

(1) 启用状态栏中的"极轴追踪""对象捕捉"和"对象捕捉追踪"功能，并设置"对象捕捉模式"为"交点""圆心"和"象限点"。

(2) 新建两个图层：一个是"轮廓线"图层，线宽为 0.3mm；一个是"标注"图层，颜色为青色。

任务二 绘制图形

1) 绘制圆柱

(1) 选择"轮廓线"图层为当前图层。

(2) 执行"椭圆"命令，绘制一个水平半轴为 2、垂直半轴为 5 的椭圆。

(3) 单击"修改"工具栏中的"复制"按钮 ，或在命令行输入 CO 并按 Enter 键。

(4) 命令行提示为"选择对象："时，单击椭圆。

(5) 命令行提示为"指定基点或[位移(D)/模式(O)]："时，单击椭圆的中心点作为基点。

(6) 命令行提示为"指定第二个点或[阵列(A)]："时，水平向右追踪 100。

(7) 执行"直线"命令，捕捉两个椭圆上方的象限点绘制连接线，再捕捉两个椭圆下

全国高职高专「十三五」贯穿式＋立体化创新规划教材

方的象限点绘制连接线。

2) 绘制断面线

(1) 单击"样条曲线"按钮 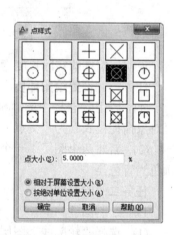，或在命令行输入 SPL 并按 Enter 键。

(2) 命令行提示为"指定第一个点或[方式(M)/节点(K)/对象(O)]："时，在上方水平线上方合适位置单击(此时的样条曲线形状大致相同即可)。

(3) 命令行提示为"输入下一个点或[起点切向(T)/公差(L)]："时，在两条直线中间偏上的位置单击。

(4) 命令行提示为"输入下一个点或[起点切向(T)/公差(L)/放弃(U)]："时，在两条直线中间偏下的位置单击。

(5) 命令行提示为"输入下一个点或[起点切向(T)/公差(L)/放弃(U)/闭合(C)]："时，在下方水平线下方合适位置单击。

(6) 按空格键结束绘制样条曲线命令。

(7) 用同样的方法，绘制另一条样条曲线。

(8) 执行"修剪"命令修剪图形。

2.6 绘　制　点

在 AutoCAD 中，点对象可用作捕捉和偏移对象的节点或参考点。可以通过"单点""多点""定数等分"和"定距等分"4 种方法创建点对象。一般情况下，为了便于观察绘制的点，需要首先设置点的样式和大小。

2.6.1 设置点的样式和大小

执行菜单命令"格式"→"点样式"，弹出"点样式"对话框，如图 2-41 所示。在对话框中可以设置点的样式和大小。

一个图形文件中，点的样式和大小是一致的，如果更改了点的样式和大小，则图中所有点的样式和大小都将发生变化。

2.6.2 绘制单点和多点

执行菜单命令"绘图"→"点"→"单点"，或在命令行输入 PO 并按 Enter 键，可以在绘图窗口一次指定一个点。

执行菜单命令"绘图"→"点"→"多点"，或单击"绘图"工具栏中的"点"按钮 ，可以在绘图窗口一次指定多个点，直到按 Esc 键结束。

图 2-42 所示为绘制多点确定木板上钉子的位置。

图 2-41　"点样式"对话框

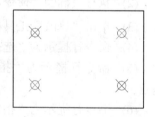

图 2-42　绘制有"点"的图形

2.6.3 定数等分和定距等分

定数等分用来对指定的线性对象按给定的数目进行等分。定数等分的对象可以是直线、圆、圆弧、多段线、样条曲线等。执行菜单命令"绘图"→"点"→"定数等分"，或在命令行输入 DIV 并按 Enter 键，可以在指定的对象上绘制等分点或者在等分点处插入块。

定距等分是用给定距离的方式将指定对象分成距离相等的多个部分。定距等分的对象可以是直线、圆、圆弧、多段线、样条曲线等。执行菜单命令"绘图"→"点"→"定距等分"，或在命令行输入 ME 并按 Enter 键，可以在指定的对象上按指定的长度绘制等分点或者插入块。

【练习 2-24】绘制图 2-43 所示图形。

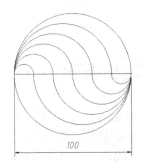

100

微课 2-24

图 2-43 定数等分绘制图形

任务一 设置绘图环境

(1) 启用状态栏中的"极轴追踪""对象捕捉"和"对象捕捉追踪"功能，并设置"对象捕捉模式"为"圆心""交点"和"节点"。

(2) 新建两个图层：一个是"轮廓线"图层，线宽为 0.3mm；一个是"标注"图层，颜色为青色。

任务二 绘制图形

1) 绘制圆并将水平直径定数等分

(1) 选择"轮廓线"图层为当前图层。

(2) 执行"圆"命令，在绘图区域单击作为圆心，绘制直径为 100 的圆。

(3) 执行"直线"命令，捕捉圆心，绘制一条通过圆心且两个端点在圆周上的直线。

(4) 选择菜单命令"格式"→"点样式"，在弹出的"点样式"对话框中选择第 2 行第 4 列的点样式⊗。

(5) 选择菜单命令"绘图"→"点"→"定数等分"，或在命令行输入 DIV 并按 Enter 键。

(6) 命令行提示为"选择要等分的对象："时，单击图形中的直线。

(7) 命令行提示为"输入线段数目或[块(B)]："时，输入 6，将水平直径 6 等分。

2) 绘制多段线

(1) 单击"多段线"按钮，或在命令行输入 PL 并按 Enter 键。

(2) 命令行提示为"指定起点："时，单击直线左侧端点。

全国高职高专『十三五』贯穿式＋立体化创新规划教材

(3) 命令行提示为"指定下一个点或[圆弧(A)/半宽(H)/长度(L)/放弃(U)/宽度(W)]："时，输入选项 A。

(4) 命令行提示为"指定圆弧的端点或[角度(A)/圆心(CE)/方向(D)/半宽(H)/直线(L)/半径(R)/第二个点(S)/放弃(U)/宽度(W)]："时，输入选项 A。

(5) 命令行提示为"指定包含角："时，输入-180。

(6) 命令行提示为"指定圆弧的端点或[圆心(CE)/半径(R)]："时，单击左侧第一个节点。

(7) 命令行提示为"指定圆弧的端点或[角度(A)/圆心(CE)/闭合(CL)/方向(D)/半宽(H)/直线(L)/半径(R)/第二个点(S)/放弃(U)/宽度(W)]："时，单击直线右侧的端点。

(8) 按空格键结束绘制多段线命令。

(9) 按空格键重复绘制多段线命令，用同样的方法绘制其他多段线。

(10) 选择菜单命令"格式"→"点样式"，在弹出的"点样式"对话框中选择第 1 行第 1 列的点样式，恢复到原来的小圆点。

2.7 绘制和编辑多线

多线是一种由多条平行线组成的组合对象，平行线的数目和相邻平行线之间的间距可以根据需要设置。多线常用于绘制建筑图中的墙体、通信线路图中的平行线路等对象。这些平行线称为图元。通过指定每个图元距多线原点的偏移量可以确定各图元的位置。

2.7.1 创建多线样式

在绘制多线前首先应根据自己的需要设置多线样式，即设置多线中平行线的条数、平行线之间的间距、每条线的线型、颜色以及多线的封口情况等。

选择菜单命令"格式"→"多线样式"，或在命令行输入 MLST 并按 Enter 键，打开"多线样式"对话框，如图 2-44 所示。用户可以根据需要创建新的多线样式或修改原有的多线样式。

图 2-44　"多线样式"对话框

该对话框中各选项的功能如下。

(1) "样式"列表框。显示已经创建好的多线样式。

(2) "置为当前"按钮。在"样式"列表框中选择需要使用的多线样式后，单击该按钮，可以将其设置为当前样式。

(3) "新建"按钮。单击该按钮，输入新的多线样式名称后，单击"继续"按钮，打开"新建多线样式:W240"对话框，如图 2-45 所示，可以创建新的多线样式。

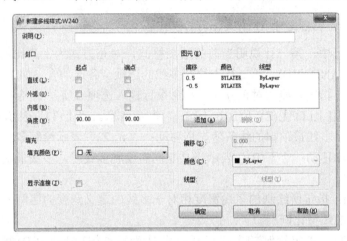

图 2-45　"新建多线样式:W240"对话框

该对话框中各选项的功能如下。

① "说明"文本框：用于输入多线样式的说明信息。

② "封口"选项组：用于控制多线起点和端点处的样式。

③ "填充"选项组：用于设置是否为多线填充背景颜色。

④ "显示连接"复选框：选中该复选框，可以在多线的拐角处显示连接线；否则不显示。

⑤ "图元"选项组：可以设置多线样式的元素特征，包括多线的线条数目、每条线的颜色和线型等特性。默认情况下多线为两条平行线，如果要增加多线中线条的数目，可单击"添加"按钮，在"图元"列表框中将增加一个偏移量为 0 的新线条元素，然后通过"偏移"文本框可以设置线条元素的偏移量。另外，还可以设置当前线条的颜色、线型等属性。如果要删除某一线条元素，可在"图元"列表框中选中该线条，单击"删除"按钮即可。

(4) "修改"按钮。单击该按钮，打开"修改多线样式"对话框，可以修改创建的多线样式。

(5) "重命名"按钮。重命名"样式"列表框中选中的多线样式名称，但不能重命名标准(STANDARD)样式。

(6) "删除"按钮。单击该按钮，将删除"样式"列表框中选中的多线样式。

(7) "加载"按钮。单击该按钮，打开"加载多线样式"对话框，可以从中选取多线样式并将其加载到当前图形中。默认情况下，AutoCAD 提供的多线样式文件为 acad.mln。

(8) "保存"按钮。单击该按钮，打开"保存多线样式"对话框，可以将当前的多线样式保存为一个多线文件(*.mln)。

全国高职高专『十三五』贯穿式＋立体化创新规划教材

2.7.2　绘制多线

创建多线样式后，便可以绘制多线了。

执行菜单命令"绘图"→"多线"，或在命令行中输入 ML 并按 Enter 键，命令行显示以下提示信息。

> 当前设置：对正＝上，比例＝20.00，样式＝STANDARD
> 指定起点或[对正(J)/比例(S)/样式(ST)]：

在该提示信息中，第一行说明当前的绘图格式，对正方式为上，比例为 20.00，多线样式为标准型(STANDARD)。第二行为绘制多线的选项，各选项含义如下。

- 对正(J)：指定多线的对正方式。在命令行输入选项 J 后，命令行接着显示"输入对正类型[上(T)/无(Z)/下(B)]<上>："提示信息。"上(T)"表示当从左向右绘制多线时，多线最顶端的线条随光标移动；"无(Z)"表示绘制多线时，多线的中心线随光标移动；"下(B)"表示当从左向右绘制多线时，多线最底端的线条随光标移动。
- 比例(S)：指定所绘制的多线宽度相对于多线的定义宽度的比例因子，该比例不影响多线的线型比例。
- 样式(ST)：指定绘制的多线样式，默认为标准(STANDARD)型。输入选项 ST 后，命令行显示"输入多线样式名或[?]："提示信息时，可以直接输入已有的多线样式名称，也可以输入"?"，显示已定义的多样样式名称。

2.7.3　编辑多线

多线编辑命令是一个专用于多线对象的编辑命令。

执行菜单命令"修改"→"对象"→"多线"，或双击需要编辑的多线，打开"多线编辑工具"对话框，如图 2-46 所示。

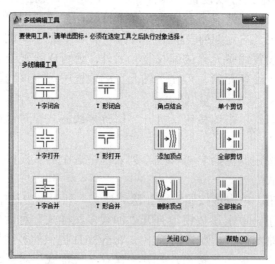

图 2-46　"多线编辑工具"对话框

(1) 使用 3 种十字形工具(⊞、⊞、⊞)可以消除各种相交线。当选择十字形中的某种工具后，接着需要选取两条相交的多线，AutoCAD 总是切断所选的第一条多线，并根据所选工具切断第二条多线。在使用"十字合并"工具时可以生成配对元素的直角，如果没有配对元素，则多线不被切断。

(2) 使用 T 形工具(⊤、⊤、⊤)和角点结合工具∟也可以消除相交线。此外，角点结合工具还可以消除多线一侧的延伸线，从而形成直角。使用该工具时，需要选取两条多线，只需在要保留的多线某部分上拾取点，AutoCAD 就会将多线剪裁或延伸到它们的相交点。

(3) 使用添加顶点工具⊪可以为多线增加若干顶点，使用删除顶点工具⊪可以从包含 3 个或更多顶点的多线上删除顶点，若当前选取的多线只有两个顶点，那么该工具将无效。

(4) 使用"单个剪切"工具⊪用于切断多线中的一条，只需简单地拾取要切断的多线某一元素上的两点，则这两点间的连线即删除；"全部剪切"工具⊪用于切断整条多线。

(5) 使用"全部连接"工具可以重新显示所选两点间的任何切断部分。

此外，AutoCAD 2012 也可以使用延伸、修剪、拉伸等命令进行编辑。

【练习 2-25】绘制图 2-47 所示建筑墙体图(本练习只要求绘制墙体即可，绘制门窗部分在学习第 5 章的 5.1 节"创建和使用块"的内容后进行)。

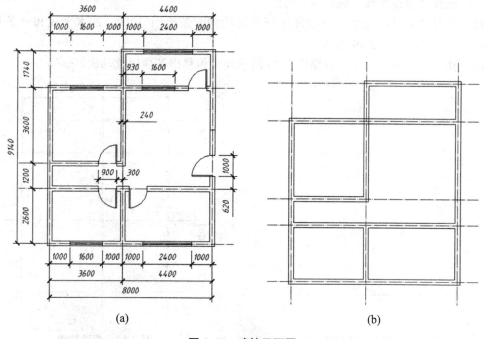

(a)　　　　　　　　　　　　　　　(b)

图 2-47　建筑平面图

任务一　设置绘图环境

(1) 启用状态栏中的"极轴追踪""对象捕捉"和"对象捕捉追踪"功能，并设置"对象捕捉模式"为"端点"和"交点"。

(2) 单击"图层特性管理器"按钮，打开"图层特性管理器"对话框，新建"定位轴线""墙线"和"标注"5 个图层。"定位轴线"图层

微课 2-25

颜色设置为红色，线型加载为 ACAD_ISO04W100；"墙线"图层线宽设置为 0.3mm；
"标注"图层颜色设置为青色，如图 2-48 所示。门和窗户两个图层保持默认值。

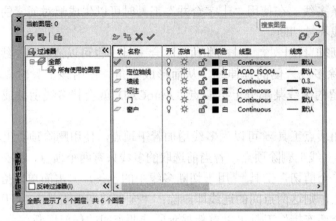

图 2-48　创建新图层

(3) 设置"线型"的"全局比例因子"为 25。

任务二　绘制定位轴线

(1) 选择"定位轴线"图层为当前图层。

(2) 执行"直线"命令，在绘图区域分别绘制一条长约 10000 的水平线和一条长约
11000 的垂直线，如图 2-49 所示。

(3) 执行"偏移"命令，依照图 2-50 所示尺寸偏移出其他定位轴线。

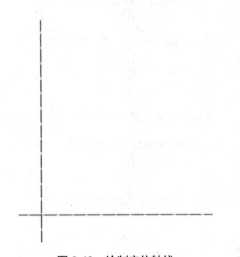

图 2-49　绘制定位轴线

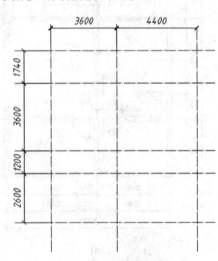

图 2-50　偏移轴线

提示：中心线偏移后由于比例太大而看不到其偏移线时，可以双击鼠标滚轮以显示图
形全貌，再根据需要滚动滚轮缩放图形。

任务三　设置多线样式

(1) 选择"墙线"图层为当前图层。

(2) 选择"格式"→"多线样式"菜单命令，或在命令行输入 MLST 并按 Enter 键，

弹出"多线样式"对话框。

(3) 单击"新建"按钮,弹出"创建新的多线样式"对话框。由于墙体厚度为240mm,输入"新样式名"为"Q24",如图2-51所示。

图 2-51 命名多线样式

(4) 单击"继续"按钮,打开"新建多线样式:Q24"对话框。选择"封口"的"起点"和"端点"均为"直线"的复选框,将偏移量为 0.5 的图元的偏移量修改为 120,偏移量为-0.5 的图元的偏移量修改为-120,如图 3-52 所示。

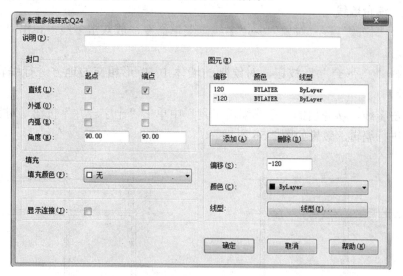

图 2-52 设置多线样式参数

任务四 绘制墙线

(1) 选择"绘图"→"多线"菜单命令,或在命令行输入 ML 并按 Enter 键。

(2) 命令行提示为"指定起点或[对正(J)/比例(S)/样式(ST)]:"时,输入选项 ST。

(3) 命令行提示为"输入多线样式名或{？}:"时,输入 Q24。

(4) 命令行提示为"指定起点或[对正(J)/比例(S)/样式(ST)]:"时,输入选项 S。

(5) 命令行提示为"输入多线比例<20>:"时,输入 1。

(6) 命令行提示为"指定起点或[对正(J)/比例(S)/样式(ST)]:"时,输入选项 J。

(7) 命令行提示为"输入对正类型[上(T)/无(Z)/下(B)]<上>:"时,输入 Z。

(8) 命令行提示为"指定起点或[对正(J)/比例(S)/样式(ST)]:"时,捕捉图 2-53 所示各交点,绘制第一条墙线。

(9) 继续执行"多线"命令,绘制其他墙线。结果如图 2-54 所示。

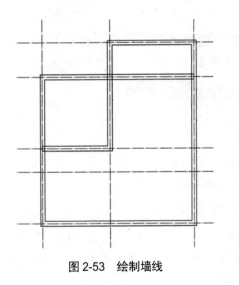

图 2-53　绘制墙线　　　　　　　　　　　　图 2-54　绘制墙线

任务五　编辑墙线

(1) 选择"修改"→"对象"→"多线"菜单命令，或双击多线，弹出"多线编辑工具"工具箱。

(2) 选择"T 形合并"按钮，对绘制的墙体中 T 形相交的地方进行编辑，效果如图 2-55 所示。

(3) 双击多线，从弹出的"多线编辑工具"中单击"十字合并"按钮，对墙体中十字相交的地方进行编辑，效果如图 2-56 所示。

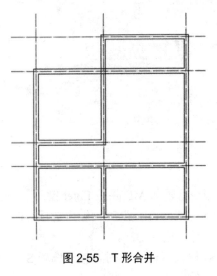

图 2-55　T 形合并

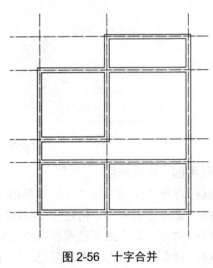

图 2-56　十字合并

2.8　图案填充和渐变色

为了区分不同的剖面图形，可以采用不同的填充图例来实现。图案填充指选择一种图案充满图形中指定的封闭区域。图案填充命令用来定义图案填充或渐变填充对象的边界、图案类型、图案特征和其他特征。

在建筑图样中，需要在剖面图、断面图上绘制填充图案；在机械或其他设计图中，也常常需要在某一区域内填充某种图案。用 AutoCAD 实现图案填充非常方便，而且灵活。

2.8.1 图案填充

单击工具栏中的"图案填充"按钮 ，或在命令行输入 H 并按 Enter 键，打开"图案填充和渐变色"对话框，如图 2-57 所示。

图 2-57 "图案填充和渐变色"对话框

(1) 在"类型和图案"选项组中，可以选择要进行图案填充的类型和图案。

① "类型"下拉列表框。用于设置图案填充的类型，包括预定义、用户定义和自定义 3 种类型。选择"预定义"可以使用 AutoCAD 提供的图案，选择"用户定义"需要临时定义图案，选择"自定义"可以使用用户事先定义好的图案。

② "图案"下拉列表框。用于选择填充的图案，当在"类型"下拉列表框中选择"预定义"时该选项可用。单击"图案"下拉列表框右侧的 按钮，弹出"填充图案选项板"对话框，如图 2-58 所示，可以在其中选择所需的图案。

③ "颜色"下拉列表框。使用从下拉列表框中选择的颜色进行图案填充。

④ "样例"预览窗口。显示当前选中的图案样例。单击所选的样例图案，也可以打开"填充图案选项板"对话框选择图案。

⑤ "自定义图案"下拉列表框。用于选择自定义图案。在"类型"下拉列表框中选

全国高职高专『十三五』贯穿式＋立体化创新规划教材

择"自定义"时该选项可用。

(2) 在"角度和比例"选项组中,可以设置用户定义类型的图案填充的角度和比例等参数。

(3) 在"图案填充原点"选项组中,可以设置图案填充原点的位置,因为有些图案填充需要对齐填充边界上的某一指定点。

(4) 在"边界"选项组中,用于指定图案填充的区域。

① "添加:拾取点"按钮。单击该按钮切换到绘图窗口,可在需要填充的封闭区域内任意指定一点,系统会自动计算出包围该点的封闭边界,同时亮显该边界。

② "添加:选择对象"按钮。单击该按钮切换到绘图窗口,可以通过选择对象的方式来定义填充区域的边界。

③ "删除边界"按钮。单击该按钮切换到绘图窗口,可以删除所选孤岛的边界。

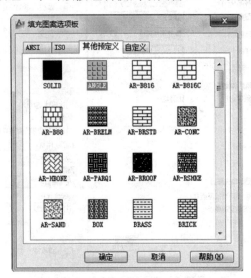

图 2-58 "填充图案选项板"对话框

2.8.2 渐变色

单击工具栏中的"渐变色"按钮 ，或在命令行输入 H 并按 Enter 键,打开"图案填充和渐变色"对话框,然后切换到"渐变色"选项卡,可以创建单色或双色渐变色,并对图案进行填充,如图 2-59 所示。

(1) "单色"单选按钮。选中"单色"单选按钮,可以使用从深色到浅色平滑过渡的单色填充。单击颜色框右侧的 按钮,可以选择填充的颜色。

(2) "双色"单选按钮。选中"双色"单选按钮,可以指定两种颜色之间平滑过渡的双色渐变填充。单击"颜色 1"和"颜色 2"两种颜色框右侧的 按钮,可以选择双色填充的两种颜色。

(3) "渐变图案"预览窗口。显示当前设置的 9 种渐变效果,用户可根据需要选择其一。

(4) "角度"下拉列表框。用于选择渐变图案的倾斜角度。

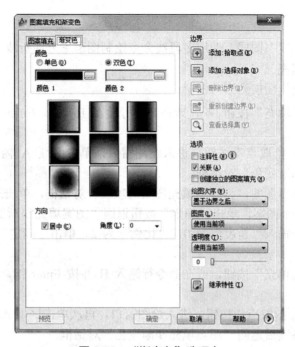

图 2-59　"渐变色"选项卡

【练习 2-26】绘制图 2-60 所示图形并填充图案。

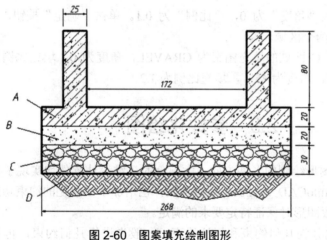

图 2-60　图案填充绘制图形

微课 2-26

全国高职高专『十三五』贯穿式＋立体化创新规划教材

任务一　创建图层

(1) 启用状态栏中的"极轴追踪""对象捕捉"和"对象捕捉追踪"功能，并设置"对象捕捉模式"为"端点"和"交点"。

(2) 新建 4 个图层：一个是"轮廓线"图层，线宽为 0.3mm；一个是"细线"图层，采用默认样式；一个是"填充"图层，采用默认样式；一个是"标注"图层，颜色为青色。

任务二　绘制图形

(1) 选择"轮廓线"图层为当前图层，使用直线命令绘制轮廓线。

(2) 将轮廓线中最下方的水平线分别向上偏移 30 和 50。选中两条偏移直线，将其转换到"细线"图层。

(3) 切换到"细线"图层,使用多段线命令绘制图形下方的折线。

任务三　图案填充

(1) 选择"填充"图层为当前图层。

(2) 单击"图案填充"按钮 ▧ ,或在命令行输入 H 并按 Enter 键,打开"图案填充和渐变色"对话框。

(3) 单击"添加:拾取点"按钮,进入绘图窗口,单击区域 A 内的任一点后,按空格键返回"图案填充和渐变色"对话框。

(4) 单击"样例"图案,打开"填充图案选项板"对话框,单击对话框中的"ANSI"选项卡,选择 ANSI31 图案,单击"确定"按钮返回"图案填充和渐变色"对话框。

(5) 在对话框中输入"角度"为 0,"比例"为 2。单击"确定"按钮,ANSI31 图案被填充到 A 区域。

(6) 单击"图案填充"按钮,或在命令行输入 H 并按 Enter 键,打开"图案填充和渐变色"对话框。

(7) 单击"添加:拾取点"按钮,进入绘图窗口,再次单击区域 A 内的任一点和区域 B 内的任一点,按空格键后返回"图案填充和渐变色"对话框。

(8) 单击"样例"图案,打开"填充图案选项板"对话框,单击对话框中的"其他预定义"选项卡,选择 AR-CONC 图案,单击"确定"按钮返回"图案填充和渐变色"对话框。

(9) 在对话框中输入"角度"为 0,"比例"为 0.1。单击"确定"按钮,ANSI31 图案被填充到 A 区和 B 区两个区域。

(10) 用同样的方法,C 区域的填充图案为 GRAVEL,角度为 0,填充比例为 1;D 区域的填充图案为 EARTH,角度为 45°,填充比例为 1.2。

2.9　参数化绘图

参数化绘图是目前图形绘制的发展方向。大部分的三维设计软件均实现了在绘制二维草图中的参数化工作。AutoCAD 从 2010 版本开始,也增加了参数化的约束功能,通过约束可以在进行设计、修改图形时保证特定要求的满足。

AutoCAD 的参数化分为几何约束和标注约束,一般先进行几何约束,再进行标注约束,并且能通过几何约束进行约束的尽量不用标注约束。

在任一工具按钮上单击鼠标右键,弹出快捷菜单,分别选择"参数化""几何约束"和"标注约束"工具栏名称,使 3 个工具栏显示在屏幕窗口,如图 2-61 所示。

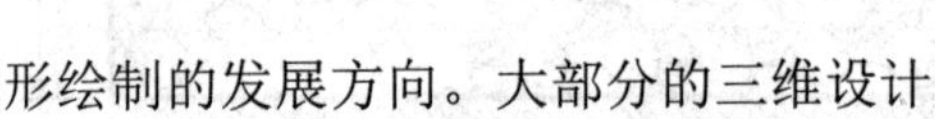

(a)　"参数化"工具栏

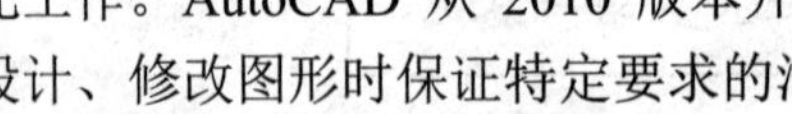

(b)　"几何约束"工具栏
(c)　"标注约束"工具栏 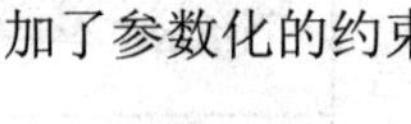

图 2-61　参数化绘图的工具栏

2.9.1 几何约束

利用几何约束，可以在绘制的图形中保证某些图元的相对关系，如重合、垂直、平行、相切、水平、竖直、共线、同心、平滑、对称、相等、固定。

(1) 重合。约束两个点重合，或者约束某个点使其位于某对象或其延长线上。

(2) 垂直。约束两条直线或多段线相互垂直。

(3) 平行。约束两条直线平行。

(4) 相切。约束两条曲线或曲线与直线，使其相切或延长线相切。

(5) 水平。约束某直线或两点，与当前的 UCS 的 X 轴平行。

(6) 竖直。约束某直线或两点，与当前的 UCS 的 Y 轴垂直。

(7) 共线。约束两条直线，使其位于同一无限长的线上。

(8) 同心。约束选定的圆、圆弧或椭圆，使其具有同一个圆心。

(9) 平滑。约束一条样条曲线，使其与其他的样条曲线、直线、圆弧、多段线彼此相连并保持它的连续性。

(10) 对称。约束对象上两点或两曲线，使其相对于选定的直线对称。

(11) 相等。约束两个对象具有相同的大小，如直线的长度、圆弧的半径等。

(12) 固定。约束一个点或一条曲线，使其固定在世界坐标系特定的方向和位置上。

2.9.2 标注约束

通过尺寸约束，可以保证某些图元的尺寸大小或者与其他图元的尺寸对应关系，包括对齐、水平、竖直、角度、半径、直径。

(1) 对齐。约束对象上两点之间的距离，或者约束不同对象上两点之间的距离。

(2) 水平。约束对象上两点之间或不同对象上两点之间 X 方向的距离。

(3) 竖直。约束对象上两点之间或不同对象上两点之间 Y 方向的距离。

(4) 角度。控制两条直线段之间、两条多段线之间或圆弧的角度。

(5) 半径。控制圆、圆弧或多段线圆弧段的半径。

(6) 直径。控制圆、圆弧或多段线圆弧段的直径。

2.9.3 参数化绘图的步骤

利用参数化功能绘图的基本步骤如下。

(1) 将图形分成由外轮廓及多个内轮廓组成，按先外后内的顺序绘制。

(2) 绘制外轮廓的大致形状，创建的图形对象其大小是任意的，相互间的位置关系(如平行、垂直等)是相近的。

(3) 根据设计要求对图形元素添加几何约束，确定它们之间的几何关系。一般先创建自动约束(如重合、水平等)，然后加入其他约束。为使外轮廓在 XY 坐标面的位置固定，应对其中某点施加固定约束。

(4) 添加尺寸约束，确定外轮廓中各图形元素的精确大小及位置。创建的尺寸包括定

全国高职高专「十三五」贯穿式＋立体化创新规划教材

形尺寸及定位尺寸，标注顺序一般为先大后小，先定形后定位。

(5) 采用相同的方法依次绘制各个内部轮廓。

【练习 2-27】绘制图 2-62 所示图形。

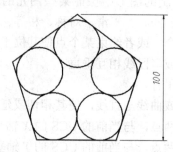

图 2-62　参数化绘图

任务一　设置绘图环境

(1) 在任一工具按钮上单击鼠标右键，弹出快捷菜单，分别选择"参数化""几何约束"和"标注约束"工具栏名称，使 3 个工具栏显示在屏幕窗口。

(2) 新建两个图层：一个是"轮廓线"图层，线宽为 0.3mm；另一个是"标注"图层，颜色为青色。

微课 2-27-1

任务二　绘制高为 100 的正五边形

1) 绘制正五边形

(1) 选择"轮廓线"图层为当前图层。

(2) 单击"正多边形"按钮 ⬠，或在命令行输入 POL 并按 Enter 键。

(3) 命令行提示为"输入侧面数："时，输入正多边形的边数 5。

(4) 命令行提示为"指定正多边形的中心点或[边(E)]："时，在绘图区域单击，作为正多边形的中心点。

(5) 命令行提示为"输入选项[内接于圆(I)/外切于圆(C)]："时，输入选项 I，使用内接圆方式绘制正五边形。

(6) 命令行提示为"指定圆的半径："时，任意输入一个相近的半径值，如 50。

2) 几何约束

(1) 单击"几何约束"工具栏上的"水平"按钮 ▭ 。

(2) 命令行提示为"选择对象或[两点(2P)]："时，单击五边形的底边。

(3) 单击"几何约束"工具栏上的"相等"按钮 ▬ 。

(4) 命令行提示为"选择第一个对象或[多个(M)]："时，选择五边形任意一条边。

(5) 命令行提示为"选择第二个对象]："时，选择相邻的一条边。

(6) 重复"相等"约束，依次对五边形的 5 条边进行"相等"约束，如图 2-63 所示。

3) 标注约束

(1) 单击"标注约束"工具栏上的"角度"按钮 ⬠ 。

(2) 命令行提示为"选择第一条直线或圆弧或[三点(3P)]："时，依次单击五边形的底边和右侧的邻边。

(3) 命令行提示为"指定尺寸的位置时："时，在合适位置单击，显示"角度1=108"。

(4) 按 Enter 键确认。

(5) 用同样的方法，对右上角的夹角进行角度约束。

(6) 单击"标注约束"工具栏上的"竖直"按钮 。

(7) 命令行提示为"指定第一个约束点或[对象(O)]："时，单击五边形上顶点。

(8) 命令行提示为"指定第二个约束点："时，单击五边形底边右侧端点。

(9) 命令行提示为"指定尺寸位置："时，在五边形右侧合适位置单击，在显示的文本框中输入五边形高度 100，按 Enter 键确定，效果如图 2-64 所示。

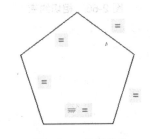

图 2-63　几何约束

图 2-64　标注约束

任务三　绘制内部的 5 个相切圆

1) 绘制内部 5 个小圆

(1) 执行"圆"命令。

(2) 在五边形内 5 个角的位置绘制 5 个大小相似的圆。

2) 几何约束

(1) 单击"几何约束"工具栏上的"相等"按钮 。

(2) 命令行提示为"选择第一个对象或[多个(M)]："时，选择五边形内侧的任一个圆。

微课 2-27-2

(3) 命令行提示为"选择第二个对象："时，选择与其相邻的一个圆。

(4) 重复"相等"命令，依次对 5 个圆进行"相等"约束，效果如图 2-65 所示。

(5) 单击"几何约束"工具栏上的"相切"按钮 。

(6) 命令行提示为"选择第一个对象："时，单击右下圆的圆形。

(7) 命令行提示为"选择第二个对象："时，单击五边形的底边，此时圆与底边相切。

(8) 用同样的方法，使圆与底边的右侧相邻边相切。

(9) 用同样的方法，使每个夹角处都有一个圆与该夹角的两条边相切，效果如图 2-66 所示。

(10) 再次单击"几何约束"工具栏上的"相切"按钮 ，使五边形内部的每个圆都与它相邻的两个圆相切。

任务四　图形标注

(1) 单击"参数化"工具栏中的"全部隐藏"按钮 ，隐藏图形中的所有几何约束。

全国高职高专『十三五』贯穿式＋立体化创新规划教材

(2) 单击"参数化"工具栏中的"全部隐藏"按钮 🔲，隐藏图形中的所有标注约束。

(3) 选择"标注"图层为当前图层。

(4) 利用"标注"工具栏中的"线性"标注命令，标注正五边形的高度 100。

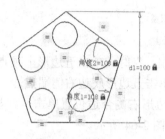

图 2-65　相等约束

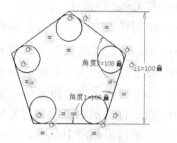

图 2-66　相切约束

课 后 练 习

1. 绘制图 2-67 所示各三角形。

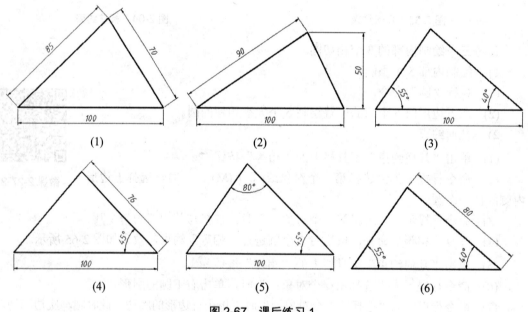

图 2-67　课后练习 1

2. 绘制图 2-68 所示图形。

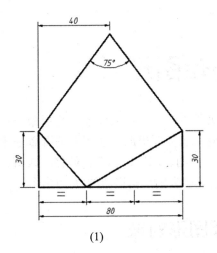
(1)

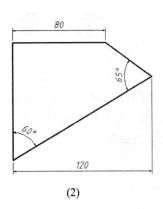
(2)

图 2-68　课后练习 2

3. 绘制图 2-69 所示图形。

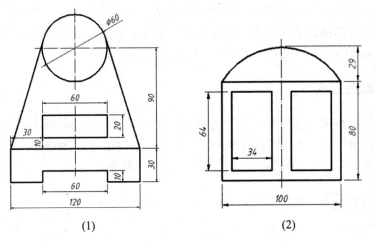

(1)　　　　　　　　　　(2)

图 2-69　课后练习 3

4. 绘制图 2-70 所示图形。

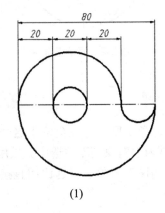
(1)

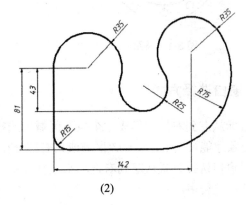
(2)

图 2-70　课后练习 4

全国高职高专『十三五』贯穿式＋立体化创新规划教材

第3章 编辑图形对象

绘制和编辑二维图形是 AutoCAD 的两大基本功能。如果仅使用绘图命令只能绘制一些比较简单的图形。对于一些复杂的图形，通常还需要借助一些图形编辑命令才能完成。AutoCAD 提供了很多图形编辑命令，如复制、移动、旋转、镜像、偏移、修剪、阵列、拉伸等。使用这些命令，可以修改已有图形或通过已有图形构造新的复杂图形。

3.1 选择图形对象

在对图形进行编辑之前，首先需要选择编辑的对象，被选中的图形对象就构成选择集。AutoCAD 用虚线亮显的方式显示所选中的对象。选择集可以包含单个对象，也可以包含多个对象。AutoCAD 中选择图形对象的方法很多，常用的有直接点选方式、窗口选择方式、窗交选择方式和快速选择方式。选择图形对象时，需要根据具体情况确定选择方式。正确的选择方式可以极大地提高绘图效率。

3.1.1 直接点选方式

通过单击鼠标直接点选图形对象，选中的对象呈虚线状态、高亮显示。可以一次点选一个图形对象，也可以一次连续点选多个图形对象。图 3-1 所示为原图，可以使用连续点选多个图形对象的方式得到图 3-2 所示原图右下方的选择集。

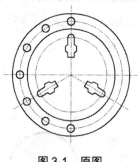

图 3-1 原图

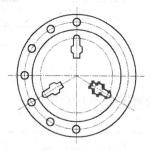

图 3-2 直接点选

3.1.2 窗口选择方式

用鼠标从左到右拖动形成一个矩形区域来选择图形对象，则只有完全位于这个矩形区域内的对象才能被选中，不在该区域或只有部分在该区域内的对象则不被选中。采用图 3-3 所示使用窗口选择方式从左到右拖动来选择原图右下方的图形对象，就远比用直接点选方式选择要快捷得多。

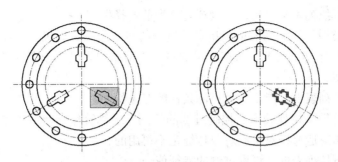

图 3-3 使用"窗口选择"方式选择对象

3.1.3 窗交选择方式

用鼠标从右到左拖动形成一个矩形区域来选择图形对象，则全部位于矩形区域之内或与矩形选区边界相交的对象都将被选中。图 3-4 所示图形为窗交选择的结果。

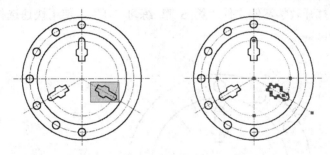

图 3-4 使用"窗交选择"方式选择对象

3.1.4 快速选择方式

在 AutoCAD 中，当需要选择某些具有共同特征的对象时，可利用"快速选择"对话框，根据图形的"对象类型"和"特性"创建选择集。

选择"工具"→"快速选择"菜单命令，打开"快速选择"对话框，如图 3-5 所示。

对话框中各选项功能如下。

(1) "应用到"下拉列表框。用来选择过滤条件的应用范围，可以应用于整个图形，也可以应用于当前选择集中。如果有当前选择集，则"当前选择"为默认选项；如果没有当前选择集，则"整个图形"为默认选项。

(2) "选择对象"按钮 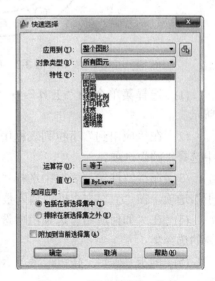。单击该按钮将切换到绘图窗口中，可以根据当前所指定的过滤条件来选择对象。选择完毕后，按 Enter 键结束选择，并返回到"快速选择"对话框中，同时 AutoCAD

图 3-5 "快速选择"对话框

会将"应用到"下拉列表框中的选项设置为"当前选择"。

(3) "对象类型"下拉列表框。指定要过滤的对象类型。如果当前没有选择集，在该下拉列表框中将包含 AutoCAD 所有可用的对象类型；如果已有一个选择集，则包含所选择对象的对象类型。

(4) "特性"列表框。指定作为过滤条件的对象特性。

(5) "运算符"下拉列表框。控制过滤的范围。运算符包括＝、＜＞、＜、＞、全部选择等。其中＜和＞运算符对某些对象特征是不可用的。

(6) "值"下拉列表框。设置过滤的特征值。

(7) "如何应用"选项组。选中其中的"包括在新选择集中"单选按钮，则由满足过滤条件的对象构成选择集；选中"排除在新选择集之外"单选按钮，则由不满足过滤条件的对象构成选择集。

(8) "附加到当前选择集"复选框。指定由 QSELECT 命令所创建的选择集是追加到当前选择集中，还是替代当前选择集。

【练习 3-1】打开教学案例文件"第 3 章 练习 3-1"，使用快速选择法，选择图 3-6 中所有直径为 4 的圆。

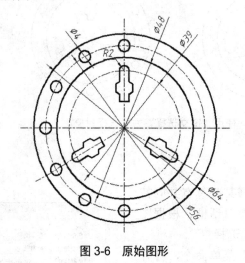

微课 3-1

图 3-6 原始图形

(1) 选择菜单命令"工具"→"快速选择"，打开"快速选择"对话框，如图 3-7 所示。

(2) 在"应用到"下拉列表框中选择"整个图形"选项，在"对象类型"下拉列表框中选择"圆"选项。

(3) 在"特性"列表框中选择"直径"选项，在"运算符"下拉列表框中选择"＝等于"选项，在"值"文本框中输入数值"4"，表示选择图形中所有直径为 4 的圆。

(4) 在"如何应用"选项组中选中"包括在新选择集中"单选按钮，按设定条件创建新的选择集。

(5) 单击"确定"按钮，将显示图形中所有符合要求的图形对象，如图 3-8 所示。

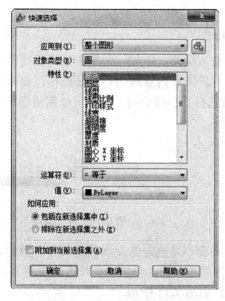

图 3-7　"快速选择"对话框

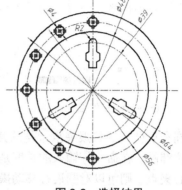

图 3-8　选择结果

3.2　使用夹点编辑图形对象

当选中一个图形时，图形亮显的同时会显示一些蓝色的点，这些点就是夹点。夹点有多种形状，如直线的夹点都是方形的、多段线中点处夹点是长方形的、样条曲线起点处的夹点是田字框等，图 3-9 所示是几种常见图形的夹点样式。

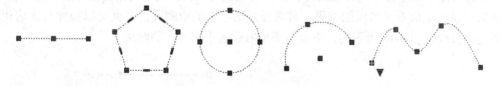

图 3-9　几种常见图形的夹点样式

夹点就像图形上可操作的手柄一样，无须选择任何命令，通过夹点就可以执行一些操作，对图形进行相应的调整。在 AutoCAD 2012 中选择对象后，光标指向夹点时，还会显示夹点快捷菜单，使用夹点快捷菜单命令可以进行拉伸、拉长操作，添加、删除夹点操作，以及直线和圆弧的转换操作等。

夹点编辑比较简洁、直观，改变夹点到新的目标位置时，拾取点会受到环境设置的影响和控制，可以利用如对象捕捉、正交模式等来精确进行夹点的编辑。

3.2.1　常规的夹点编辑

在不执行任何命令的情况下选择图形对象，图形上将显示夹点。单击其中一个夹点后，该夹点便被激活而呈现红色亮显，进入编辑状态。此时，AutoCAD 自动将其作为拉伸的基点，进入"拉伸"编辑模式，命令行显示以下所示的信息：

```
** 拉伸 **
指定拉伸点或[基点(B)/复制(C)/放弃(U)/退出(X)]:
```

此时，可以对选择的图形对象进行许多常规操作。例如，若单击选择直线两端的一个夹点，可以用捕捉特殊点或在命令行输入长度的方法对直线进行拉长操作，在命令行输入的长度为新增加的长度，如图 3-10 所示；若选择直线的中间夹点，可以用捕捉特殊点或用极坐标的方法移动直线的位置，如图 3-11 所示。

图 3-10　拉伸直线　　　　　　　　图 3-11　移动直线

对于圆和椭圆上的象限夹点，是从其中心而不是选定的夹点确定长度。例如，若选择象限夹点拉伸圆，在命令行输入的长度是新圆的半径而非新增加的长度，如图 3-12 所示；若选择圆心夹点，则可以对圆进行移动操作，如图 3-13 所示。

图 3-12　拉伸圆　　　　　　　　　图 3-13　移动圆

若选择矩形某个角点的夹点进行拉伸，可改变与该角点相邻两条边的形状，图 3-14 所示为向右拉伸矩形右下角点的结果；若选择矩形各边的中间夹点，则可以拉伸与该边相邻两条边的长度，图 3-15 所示为向右拉伸矩形右侧边中间夹点的结果。

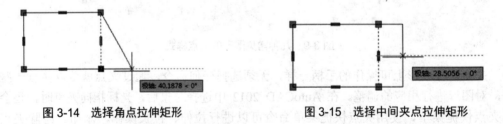

图 3-14　选择角点拉伸矩形　　　　　　图 3-15　选择中间夹点拉伸矩形

选中夹点后，若连续按空格键，夹点模式还可以在拉伸、移动、旋转、比例缩放和镜像 5 种编辑操作之间循环切换，进行更多操作。

3.2.2　夹点快捷菜单

选中对象后，光标停留在夹点上时会自动弹出夹点快捷菜单，夹点快捷菜单会随不同图形的不同夹点而不同。图 3-16 和图 3-17 所示分别为光标停留在多边形的端点和中点处的夹点快捷菜单。

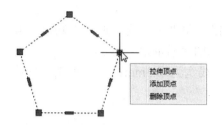

图 3-16 多边形端点处的夹点快捷菜单

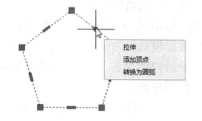

图 3-17 多边形中点处的夹点快捷菜单

选择夹点快捷菜单中的命令，便会执行相应的操作。图 3-18 所示为选择矩形右侧中间夹点的"转换为圆弧"命令，图 3-19 所示为右侧边转换为圆弧后的结果。

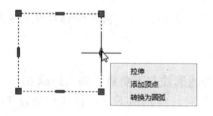

图 3-18 矩形中点处的夹点快捷菜单

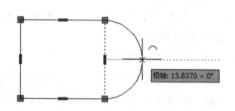

图 3-19 利用夹点编辑图形

虽然夹点编辑功能为用户提供了一种灵活、方便的编辑操作途径，在一些状态下比常规编辑更加简便、效率更高，但很多状态下夹点编辑仍不能替代常规的绘图和编辑命令。

3.3 复制图形操作

在 AutoCAD 中，复制、镜像、偏移和阵列命令都具有复制图形的功能，从而减少绘图步骤，达到事半功倍的效果。

3.3.1 复制

使用"复制"命令可以创建多个与原对象相同的对象。复制可以提高绘图效率，保证前后样式内容的一致性。

单击"修改"工具栏中的"复制"按钮 ，或在命令行输入 CO 并按 Enter 键，可以将已有的对象复制出多个副本，并放置到指定的位置。

【练习 3-2】利用复制命令绘制图 3-20 所示图形。

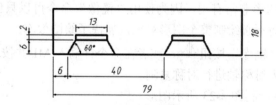

图 3-20 利用复制命令绘制图形

微课 3-2

全国高职高专「十三五」贯穿式＋立体化创新规划教材

任务一 设置绘图环境

(1) 启用状态栏中的"极轴追踪""对象捕捉"和"对象捕捉追踪"功能，并设置"对象捕捉模式"为"端点"和"交点"，极轴追踪的"增量角"为30°。

(2) 新建两个图层：一个是"轮廓线"图层，线宽为 0.3mm；另一个是"标注"图层，颜色为青色。

(3) 设置"线型"的"全局比例因子"为0.5。

任务二 绘制外轮廓线

(1) 选择"轮廓线"图层为当前图层。

(2) 执行"直线"命令，按图中所示尺寸绘制长79、宽18的矩形轮廓线。

任务三 绘制线框 A

(1) 执行"偏移"命令，将图形下方的水平直线向上偏移 6，再将偏移直线向上偏移 2，如图 3-21 所示。

(2) 执行"直线"命令。

(3) 命令行提示为"指定第一点："时，捕捉外轮廓线左下角点，向右追踪6。

(4) 命令行提示为"指定下一点或[放弃(U)]："时，绘制与下方偏移线相交且角度为60°的直线。

(5) 以交点为起点，继续绘制与上方偏移线垂直相交的直线。

(6) 执行"偏移"命令，将两条偏移线中间的短竖线向右偏移13。

(7) 执行"修剪"按钮，修剪两条水平直线。

(8) 执行"直线"命令，绘制角度为-60°的斜线，如图 3-22 所示。

图 3-21　偏移直线　　　　　　　　　　　图 3-22　修剪直线

任务四 复制线框 A

(1) 单击"复制"按钮，或在命令行输入 CO 并按 Enter 键。

(2) 命令行提示为"选择对象："时，窗交方式选择线框 A。

(3) 命令行提示为"指定基点或[位移(D)/模式(O)]："时，单击线框左下角点。

(4) 命令行提示为"指定第二个点或[阵列(A)]："时，向右追踪40。

3.3.2 镜像

"镜像"命令对创建对称图形非常有用，因为使用"镜像"命令可以只创建半个结构对称的图形，然后将其镜像，而不必绘制整个图形对象，加快了绘图效率。

单击"修改"工具栏中的"镜像"按钮，或者在命令行输入 MI 并按 Enter 键，即可将选定的图形对象以镜像线为对称轴进行对称复制。

【练习3-3】利用镜像命令绘制图 3-23 所示图形。

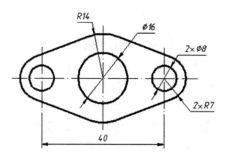

微课 3-3

图 3-23　利用镜像命令绘制图形

任务一　设置绘图环境

(1) 启用状态栏中的"极轴追踪""对象捕捉"和"对象捕捉追踪"功能，并设置"对象捕捉模式"为"端点""中点""圆心""交点"和"切点"。

(2) 新建 3 个图层：一个是"中心线"图层，颜色为红色，线型加载为 ACAD_IS004W100；一个是"轮廓线"图层，线宽为 0.3mm；一个是"标注"图层，颜色为青色。

(3) 设置"线型"的"全局比例因子"为 0.5。

任务二　绘制中心线

(1) 选择"中心线"图层为当前图层。

(2) 执行"直线"命令，绘制一条水平中心线和一条垂直中心线。

(3) 单击"偏移"按钮，或在命令行输入 O 并按 Enter 键，将垂直中心线向左偏移 20。

任务三　绘制图形

(1) 选择"轮廓线"图层为当前图层。

(2) 执行"圆"命令，以左侧中心线交点为圆心，绘制半径为 7 和直径为 8 的两个圆，以右侧中心线交点为圆心绘制半径为 14 和直径为 16 的两个圆。

(3) 执行"直线"命令，将鼠标指针移至左侧大圆上方，当显示"递延切点"标记时，单击拾取该点；将鼠标指针移至右侧大圆上方，单击拾取另一个切点绘制切线。

提示： 捕捉切点时，可能会受到其他特征点的干扰而无法捕捉到，这时需要暂时关闭其他所有特征点的复选框，待切点选择过后再恢复原来的选择。

(4) 用同样的方法，绘制下方与两圆相切的直线，结果如图 3-24 所示。

(5) 单击"修剪"按钮，或在命令行输入 TR 并按 Enter 键。

(6) 命令行提示为"选择剪切边"时，选择两条切线。

(7) 命令行提示为"选择要修剪的对象："时，选择左、右侧两个大圆相对的内侧，修剪图形，结果如图 3-25 所示。

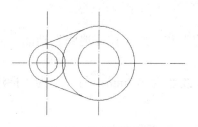

图 3-24　绘制圆和切线

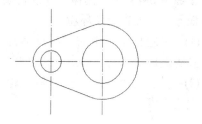

图 3-25　修剪图形

全国高职高专"十三五"贯穿式＋立体化创新规划教材

任务四　镜像图形

(1) 单击"镜像"按钮 ⚮ ，或在命令行输入 MI 并按 Enter 键。

(2) 命令行提示为"选择对象："时，窗口方式选择左侧图形，如图 3-26 所示。

(3) 命令行提示为"指定镜像线的第一点："时，单击右侧垂直中心线上方端点。

(4) 命令行提示为"指定镜像线的第二点："时，单击右侧垂直中心线下方端点。

(5) 命令行提示为"要删除源对象吗？[是(Y)/否(N)]"时，输入选项 N，结果如图 3-27 所示。

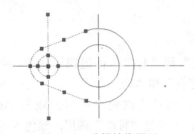
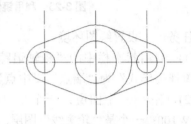

图 3-26　选择镜像图形　　　　　　　　图 3-27　镜像左侧图形

(6) 执行"修剪"命令修剪图形，效果如图 3-28 所示。

(7) 利用夹点编辑方式调整辅助线长度，结果如图 3-29 所示。

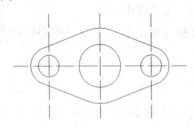
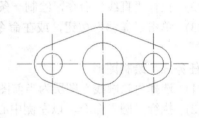

图 3-28　修剪图形　　　　　　　　　　图 3-29　调整中心线

3.3.3　偏移

利用偏移命令可以创建与选定对象相同或类似的新对象，并指定新对象的显示位置。在 AutoCAD 中，可以用于偏移的对象有直线、圆、圆弧、椭圆、多边形、样条曲线和多段线等，但不能偏移点、多线、图块和文本等对象。

单击"修改"工具栏中的"偏移"按钮 ⬀ ，或在命令行输入 O 并按 Enter 键，可以对指定的直线创建平行线，也可以对圆弧、圆、多边形等对象作同心偏移复制。

【练习 3-4】利用偏移命令绘制图 3-30 所示图形。

任务一　设置绘图环境

(1) 启用状态栏中的"极轴追踪""对象捕捉"和"对象捕捉追踪"功能，并设置"对象捕捉模式"为"端点"和"圆心"。

(2) 新建两个图层：一个是"轮廓线"图层，线宽为 0.3mm；另一个为"标注"图层，颜色为青色。

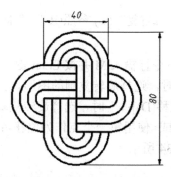

微课 3-4

图 3-30 利用偏移命令绘制图形

任务二 绘制图形

1) 绘制并偏移多段线

(1) 选择"轮廓线"图层为当前图层。

(2) 单击"多段线"按钮，或在命令行输入 PL 并按 Enter 键。

(3) 命令行提示为"指定起点："时，在绘图区域单击作为起点。

(4) 命令行提示为"指定下一个点或[圆弧(A)/半宽(H)/长度(L)/放弃(U)/宽度(W)]："时，向上追踪 20。

(5) 命令行提示为"指定下一个点或[圆弧(A)/闭合(C)/半宽(H)/长度(L)/放弃(U)/宽度(W)]："时，输入选项 A。

(6) 命令行提示为"指定圆弧的端点或[角度(A)/圆心(CE)/闭合(CL)/方向(D)/半宽(H)/直线(L)/半径(R)/第二个点(S)/放弃(U)/宽度(W)]："时，向左追踪 40，按空格键结束绘制，创建图 3-31 所示多段线。

(7) 单击"偏移"按钮 ⬒，或在命令行输入 O 并按 Enter 键。

(8) 命令行提示为"指定偏移距离或[通过(T)/删除(E)/图层(L)]："时，输入偏移距离为 5。

(9) 命令行提示为"选择要偏移的对象，或[退出(E)/放弃(U)]："时，单击选择多段线。

(10) 命令行提示为"指定要偏移的那一侧上的点，或[退出(E)/多个(M)/放弃(U)]："时，输入选项 M，在多段线左侧单击 3 次，创建偏移的多段线，如图 3-32 所示。

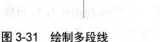

图 3-31 绘制多段线   图 3-32 偏移多段线

2) 旋转并复制多段线

(1) 单击"旋转"按钮 ⟳，或在命令行输入 RO 并按 Enter 键。

(2) 命令行提示为"选择对象："时，选择全部图形。

(3) 命令行提示为"指定基点："时，在图形左侧附近单击。

(4) 命令行提示为"指定旋转角度，或[复制(C)/参照(R)]："时，输入选项 C。

全国高职高专「十三五」贯穿式+立体化创新规划教材

(5) 命令行提示为"指定旋转角度，或[复制(C)/参照(R)]："时，输入 90。旋转复制结果如图 3-33 所示。

(6) 单击"移动"按钮 ✛，或在命令行输入 M 并按 Enter 键。

(7) 命令行提示为"选择对象："时，选择旋转复制的图形。

(8) 命令行提示为"指定基点或[位移(D)]："时，选择旋转复制图形的右上角端点。

(9) 命令行提示为"指定第二个点或<使用第一个点作为位移>："时，单击原图形多段线同心圆弧的圆心，移动结果如图 3-34 所示。

图 3-33　旋转复制多段线

图 3-34　移动多段线

(10) 用同样的方法，分别将第一组多段线旋转复制 180° 和 270°，并将两组多段线移动到合适位置，效果如图 3-35 所示。

(11) 执行"直线"命令，在图形中添加一条连接两个圆心的水平直线和一条连接两个圆心的垂直直线，结果如图 3-36 所示。

图 3-35　复制并移动多段线

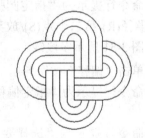

图 3-36　添加直线

3.3.4　阵列

阵列命令用于对所选定的图形对象进行有规律地多重复制，从而快速复制出多个相同的图形对象，加快了复制效率。

阵列分为矩形阵列、环形阵列和路径阵列 3 种。矩形阵列指按行与列整齐排列的多个相同对象组成的纵横分布对象副本；环形阵列指围绕中心点的多个相同对象组成的径向分布对象副本；路径阵列指沿着给定路径的多个相同对象组成的路径分布对象副本。

1．矩形阵列

矩形阵列指按行与列整齐排列的多个相同对象组成的纵横分布对象副本。

长按"修改"工具栏中的阵列图标，从弹出的工具组图标中单击"矩形阵列"按钮 ⊞，可以实现对已有对象的矩形阵列操作。

【练习 3-5】利用矩形阵列命令绘制图 3-37 所示图形。

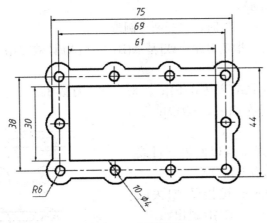

图 3-37　矩形阵列

任务一　设置绘图环境

(1) 启用状态栏中的"极轴追踪""对象捕捉"和"对象捕捉追踪"功能,并设置"对象捕捉模式"为"交点"和"圆心"。

(2) 新建 3 个图层:一个是"中心线"图层,颜色为红色,线型加载为 ACAD_IS004W100;一个是"轮廓线"图层,线宽为 0.3mm;一个为"标注"图层,颜色为青色。

(3) 设置"线型"的"全局比例因子"为 0.5。

任务二　绘制中心线

(1) 选择"中心线"图层为当前图层。

(2) 执行"矩形"命令,绘制一个长为 69、宽为 38 的矩形。

任务三　绘制图形

(1) 单击"偏移"按钮，或在命令行输入 O 并按 Enter 键,设置偏移距离为 3,将此矩形向外偏移成长为 75、宽为 44 的矩形。

(2) 按空格键重复偏移命令,设置偏移距离为 4,将原来的矩形向内偏移成长为 61、宽为 30 的矩形。

(3) 选中两个偏移出来的矩形,将其转换到"轮廓线"图层,效果如图 3-38 所示。

(4) 选择"轮廓线"图层为当前图层。

(5) 执行"圆"命令,以中间矩形的左下角点为圆心,绘制直径为 4 和半径为 6 的两个同心圆,如图 3-39 所示。

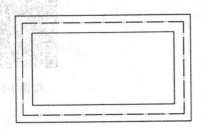

图 3-38　偏移矩形

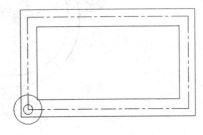

图 3-39　绘制同心圆

全国高职高专"十三五"贯穿式+立体化创新规划教材

任务四　阵列图形

(1) 单击"矩形阵列"按钮 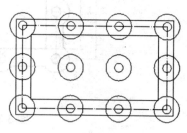。

(2) 命令行提示为"选择对象:"时,选择两个圆形。

(3) 命令行提示为"为项目数指定对角点或[基点(B)/角度(A)/计数(C)]:"时,输入选项 C。

(4) 命令行提示为"输入行数或[表达式(E)]:"时,输入行数 3。

(5) 命令行提示为"输入列数或[表达式(E)]:"时,输入列数 4。

(6) 命令行提示为"指定对角点以间隔项目或[间距(S)]:"时,单击中间矩形右上角顶点。

(7) 命令行提示为"按 Enter 键接受或[关联(AS)/基点(B)/行(R)/列(C)/层(L)/退出(X)]<退出>:"时,按 Enter 键或空格键结束阵列命令。效果如图 3-40所示。

图 3-40　阵列图形

任务五　编辑图形

(1) 单击"分解"按钮 ，或在命令行输入 X 并按 Enter 键。

(2) 命令行提示为"选择对象:"时,选择任一阵列出来的同心圆,将阵列出来的组合图形对象分解为独立的基本图形对象。

(3) 选择矩形中间的两个阵列出来的同心圆,按 Delete 键将其删除。

(4) 执行"修剪"命令,修剪圆形。

2．环形阵列

环形阵列指围绕中心点的多个相同对象组成的径向分布对象副本。

长按"修改"工具栏中的阵列图标,从弹出的工具组图标中单击"环形阵列"按钮
，可以实现对已有对象的环形阵列操作。

【练习 3-6】利用环形阵列命令绘制图 3-41 所示图形。

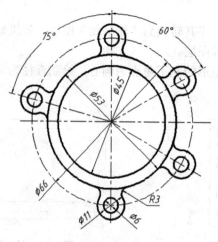

微课 3-6

图 3-41　环形阵列

任务一　设置绘图环境

(1) 启用状态栏中的"极轴追踪""对象捕捉"和"对象捕捉追踪"功能，并设置"对象捕捉模式"为"端点""中点""交点"和"圆心"。

(2) 新建 3 个图层：一个是"中心线"图层，颜色为红色，线型加载为 ACAD_ISO04W100；一个是"轮廓线"图层，线宽为 0.3mm；一个是"标注"图层，颜色为青色。

(3) 设置"线型"的"全局比例因子"为 0.5。

任务二　绘制中心线

(1) 选择"中心线"图层为当前图层。

(2) 执行"直线"命令，绘制一条水平中心线和一条垂直中心线。

(3) 执行"圆"命令，以中心线交点为圆心，绘制直径为 66 的辅助圆。

(4) 执行"直线"命令，以中心线交点为起点，在命令行输入极坐标<165，绘制合适长度的辅助直线，效果如图 3-42 所示。

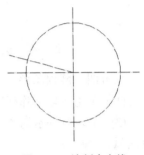

图 3-42　绘制中心线

任务三　绘制图形

(1) 选择"轮廓线"图层为当前图层。

(2) 执行"圆"命令，以水平中心线和垂直中心线的交点为圆心，分别绘制直径为 45 和 53 的圆。

(3) 按空格键重复"圆"命令，以直径为 66 的辅助圆与垂直中心线上方的交点为圆心，绘制直径为 6 和 11 的两个圆。

(4) 单击"圆角"按钮 ，或在命令行输入 F 并按 Enter 键。

(5) 命令行提示为"选择第一个对象或[放弃(U)/多段线(P)/半径(R)/修剪(T)/多个(M)]："时，输入选项 R。

(6) 命令行提示为"指定圆角半径："时，输入 3。

(7) 命令行提示为"选择第一个对象或[放弃(U)/多段线(P)/半径(R)/修剪(T)/多个(M)]："时，输入选项 M。

(8) 命令行提示为"选择第一个对象或[放弃(U)/多段线(P)/半径(R)/修剪(T)/多个(M)]："时，单击直径为 11 的圆的左下方位置。

(9) 命令行提示为"选择第二个对象，或按住 Shift 键选择对象以应用角点或[半径(R)]："时，单击直径为 53 的圆的左上方位置。

(10) 命令行提示为"选择第一个对象或[放弃(U)/多段线(P)/半径(R)/修剪(T)/多个(M)]："时，单击直径为 11 的圆的右下方位置。

(11) 命令行提示为"选择第二个对象，或按住 Shift 键选择对象以应用角点或[半径(R)]："时，单击直径为 53 的圆的右上方位置。

(12) 命令行提示为"选择第一个对象或[放弃(U)/多段线(P)/半径(R)/修剪(T)/多个(M)]："时，按空格键结束圆角命令，结果如图 3-43 所示。

全国高职高专『十三五』贯穿式＋立体化创新规划教材

(13) 单击"修剪"按钮，或在命令行输入 TR 并按 Enter 键，修剪直径为 11 的圆，结果如图 3-44 所示。

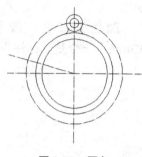

图 3-43　圆角

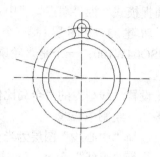

图 3-44　修剪图形

任务四　阵列图形

(1) 单击"环形阵列"按钮。

(2) 命令行提示为"选择对象："时，选择直径为 6 和 11 的两个圆及半径为 3 的两段圆弧。

(3) 命令行提示为"指定阵列的中心或[基点(B)/旋转轴(A)]："时，单击直径为 66 的圆的圆心。

(4) 命令行提示为"输入项目数或[项目间角度(A)/表述式(E)]："时，输入项目数 4。

(5) 命令行提示为"指定填充角度(+=逆时针、-=顺时针)或[表述式(E)]："时，输入填充角度-180°。

(6) 命令行提示为"按 Enter 键接受或[关联(AS)/基点(B)/项目(I)/项目间角度(A)/填充角度(F)/行(ROW)/层(L)/旋转项目(ROT)/退出(X)]："时，按 Enter 键或空格键结束阵列命令，阵列结果如图 3-45 所示。

(7) 单击"分解"按钮，或在命令行输入 X 并按 Enter 键。

(8) 命令行提示为"选择对象："时，选择任一阵列出来的图形，将阵列出来的组合图形对象分解为独立的图形对象。

(9) 重复"环形阵列"命令，将图形上方直径为 6 和 11 的两个圆及半径为 3 的两段圆弧阵列到与其夹角为 75°的位置，结果如图 3-46 所示。

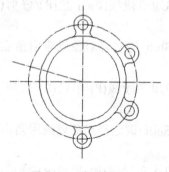

图 3-45　阵列图形(1)

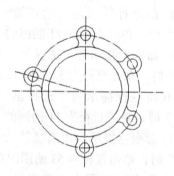

图 3-46　阵列图形(2)

3．路径阵列

路径阵列指沿着给定路径的多个相同对象组成的路径分布对象副本。路径可以是直线、多段线、样条曲线、螺旋、圆弧、圆或椭圆。

长按"修改"工具栏中的阵列图标，从弹出的工具组图标中单击"路径阵列"按钮，可以实现对已有对象的路径阵列操作。

【练习 3-7】利用路径阵列命令绘制图 3-47 所示图形。

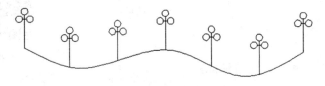

图 3-47　路径阵列　　　　　　　　　　　微课 3-7

任务一　绘制图形

(1) 执行"样条曲线"命令，绘制与原图相似的样条曲线。

(2) 执行"圆"和"直线"命令，绘制路灯图形。

(3) 执行"移动"命令，将路灯图形移动到样条曲线的起点位置。

任务二　阵列图形

(1) 单击"路径阵列"按钮。

(2) 命令行提示为"选择对象："时，选择路灯图形。

(3) 命令行提示为"选择路径曲线："时，选择样条曲线。

(4) 命令行提示为"输入沿路径的项数或[方向(O)/表达式(E)]选择路径曲线："时，输入项目数 7。

(5) 命令行提示为"指定沿路径的项目之间的距离或[定数等分(D)/总距离(T)/表达式(E)]："时，单击样条曲线的端点。

(6) 命令行提示为"按 Enter 键接受或[关联(AS)/基点(B)/项目(I)/行(R)/层(L)/对齐项目(A)/方向(Z)/退出(X)]<退出>："时，输入选项 A。

(7) 命令行提示为"是否将阵列项目与路径对齐？[是(Y)/否(N)]："时，输入选项 N。

3.4　调整方位操作

在 AutoCAD 中，可以在不改变被编辑图形形状的情况下对图形的位置和角度进行调整。调整图形方位的命令主要有移动、对齐和旋转。

3.4.1　移动

使用"移动"命令可以将所选的图形对象进行平移，对象的方向和大小不会改变。

单击"修改"工具栏中的"移动"按钮，或者在命令行输入 M 并按 Enter 键，可以在指定方向上按指定距离移动图形对象。

【练习 3-8】利用移动命令绘制图 3-48 所示图形。

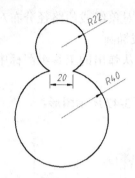

图 3-48　利用移动命令编辑图形

微课 3-8

任务一　设置绘图环境

(1) 启用状态栏中的"极轴追踪""对象捕捉"和"对象捕捉追踪"功能，并设置"对象捕捉模式"为"交点""圆心"和"端点"。

(2) 新建两个图层：一个是"轮廓线"图层，线宽为 0.3mm；另一个是"标注"图层，颜色为青色。

任务二　绘制直径为 40 的圆弧

(1) 选择"轮廓线"图层为当前图层。

(2) 执行"圆"命令，绘制半径为 40 的圆。

(3) 执行"直线"命令，捕捉圆心并垂直向上绘制圆的半径。

(4) 执行"偏移"命令，将圆的半径向左、向右各偏移 10，如图 3-49 所示。

(5) 执行"修剪"命令，将两条偏移直线中间的圆弧修剪掉。

(6) 选中半径及两条偏移直线，按 Delete 键将其删除，如图 3-50 所示。

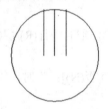

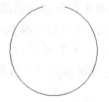

图 3-49　偏移半径

图 3-50　修剪圆弧

任务三　绘制直径为 22 的圆弧

(1) 执行"圆"命令，绘制半径为 22 的圆。

(2) 执行"直线"命令，捕捉圆心并垂直向下绘制圆的半径。

(3) 执行"偏移"命令，将圆的半径向左、向右各偏移 10，如图 3-51 所示。

(4) 执行"修剪"命令，将偏移半径中间的圆弧修剪掉。

(5) 选择半径及两条偏移直线，按 Delete 键将其删除，如图 3-52 所示。

任务四　移动图形

(1) 单击"移动"按钮 ✛，或在命令行输入 M 并按 Enter 键。

（2）命令行提示为"选择对象："时，选择半径为 22 的圆弧。

（3）命令行提示为"指定基点或[位移(D)]："时，捕捉圆弧下方左侧端点。

（4）命令行提示为"指定第二个点或[使用第一个点作为位移]："时，单击半径为 40 的圆弧上方左侧的端点。

图 3-51　偏移半径

图 3-52　修剪圆弧

3.4.2　对齐

使用"对齐"命令可以使当前对象与其他对象沿指定位置和方向对齐，它既适用于二维对象，也适用于三维对象。

执行"修改"→"三维操作"→"对齐"菜单命令，或在命令行输入 AL 并按 Enter 键，可以实现对齐操作。

【练习 3-9】利用对齐命令绘制图 3-53 所示图形。

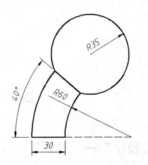

图 3-53　利用对齐命令编辑图形

微课 3-9

任务一　设置绘图环境

（1）启用状态栏中的"极轴追踪""对象捕捉"和"对象捕捉追踪"功能，并设置"对象捕捉模式"为"交点""圆心"和"端点"。

（2）新建 3 个图层：一个是"轮廓线"图层，线宽为 0.3mm；一个是"虚线"图层，线型为 DASHED2；一个是"标注"图层，颜色为青色。

任务二　绘制同心圆弧

（1）选择"轮廓线"图层为当前图层。

（2）执行"圆"命令，绘制半径为 60 的圆。

（3）执行"偏移"命令，将半径为 60 的圆向外侧偏移 30。

（4）选择"虚线"图层为当前图层。

（5）执行"直线"命令，绘制通过圆心并向左追踪与两圆相交的水平直线。

（6）执行"直线"命令，绘制通过圆心且夹角为 140°的直线(在命令行输入<140)，

全国高职高专"十三五"贯穿式＋立体化创新规划教材

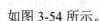

如图 3-54 所示。

(7) 执行"修剪"命令，以两条直线为剪切边修剪两个圆，结果如图 3-55 所示。

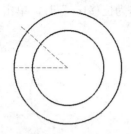

图 3-54　绘制同心圆

图 3-55　修剪圆弧

任务三　绘制半径为 35 的圆弧

(1) 选择"轮廓线"图层为当前图层。

(2) 执行"圆"命令，绘制半径为 35 的圆。

(3) 执行"直线"命令，捕捉圆心并垂直向下绘制圆的半径。

(4) 执行"偏移"命令，将圆的半径向左、向右各偏移 15，如图 3-56 所示。

(5) 执行"修剪"命令，将偏移半径中间的圆弧修剪掉。

(6) 选择半径及两条偏移直线，按 Delete 键将其删除，如图 3-57 所示。

图 3-56　偏移半径

图 3-57　修剪圆弧

任务四　对齐图形

(1) 执行菜单命令"修改"→"三维操作"→"对齐"，或在命令行输入 AL 并按 Enter 键。

(2) 命令行提示为"选择对象："时，选择半径为 35 的圆弧。

(3) 命令行提示为"指定第一个源点："时，单击 A' 点。

(4) 命令行提示为"指定第一个目标点："时，单击 A 点。

(5) 命令行提示为"指定第二个源点："时，单击 B' 点。

(6) 命令行提示为"指定第二个目标点："时，单击 B 点。

(7) 命令行提示为"指定第三个源点或<继续>："时，按空格键。

(8) 命令行提示为"是否基于对齐点缩放对象？[是(Y)/否(N)]指定第三个源点或<继续>："时，输入选项 N。

3.4.3　旋转

旋转命令用于将选定的图形对象围绕指定基点和角度进行旋转，默认的旋转方向为逆时针方向，输入负的角度值则按顺时针方向旋转图形对象。旋转命令还可以在旋转得到新位置的图形对象的同时保留源对象，即相当于集"旋转"和"复制"命令于一体。

单击"修改"工具栏中的"旋转"按钮 ⟲，或者在命令行输入 RO 并按 Enter 键，即可以将选定的图形对象绕指定的基点旋转指定的角度。

【练习 3-10】利用旋转命令绘制图 3-58 所示图形。

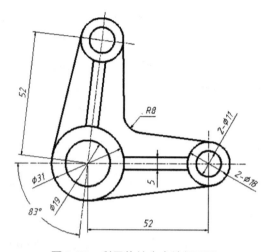

微课 3-10

图 3-58 利用旋转命令编辑图形

任务一 设置绘图环境

(1) 启用状态栏中的"极轴追踪""对象捕捉"和"对象捕捉追踪"功能，并设置"对象捕捉模式"为"交点"和"切点"。

(2) 新建 3 个图层：一个是"中心线"图层，颜色为红色，线型加载为 ACAD_ISO04W100；一个是"轮廓线"图层，线宽为 0.3mm；一个是"标注"图层，颜色为青色。

(3) 设置"线型"的"全局比例因子"为 0.5。

任务二 绘制中心线

(1) 选择"中心线"图层设置为当前图层。

(2) 执行"直线"命令，绘制一条水平中心线和一条垂直中心线。

(3) 执行"偏移"命令，将垂直中心线向右偏移 52。

任务三 绘制图形

(1) 选择"轮廓线"图层为当前图层。

(2) 执行"圆"命令，以左侧中心线交点为圆心，绘制直径为 19 和 31 的两个圆，以右侧中心线交点为圆心绘制直径为 11 和 18 的两个圆，如图 3-59 所示。

(3) 执行"偏移"命令，将水平中心线分别向上、向下偏移 2.5。

(4) 选择两条偏移线，将其转换到"轮廓线"图层。

(5) 使用夹点调整右侧竖直中心线的长度，如图 3-60 所示。

(6) 执行"修剪"命令，修剪两条偏移直线，结果如图 3-61 所示。

(7) 执行"直线"命令，将指针移至左侧大圆上方，当显示"递延切点"标记时，单击拾取该点。

全国高职高专『十三五』贯穿式＋立体化创新规划教材

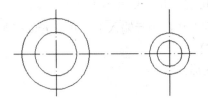

图 3-59　绘制圆

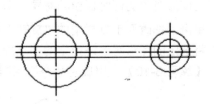

图 3-60　偏移中心线

(8) 将指针移至右侧大圆上方，拾取另一个递延切点，绘制切线。

(9) 用同样的方法，绘制图形中下方的切线。

(10) 使用夹点命令，调整各中心线的长度，如图 3-62 所示。

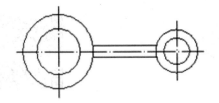

图 3-61　修剪图形

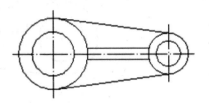

图 3-62　绘制切线

任务四　旋转并复制图形

(1) 单击"旋转"按钮，或在命令行输入 RO 并按 Enter 键。

(2) 命令行提示为"选择对象："时，窗交选择全部图形。

(3) 命令行提示为"指定基点："时，单击左侧中心线的交点。

(4) 命令行提示为"指定旋转角度，或[复制(C)/参照(R)]："时，输入选项 C。

(5) 命令行提示为"指定旋转角度，或[复制(C)/参照(R)]："时，输入 83。旋转复制结果如图 3-63 所示。

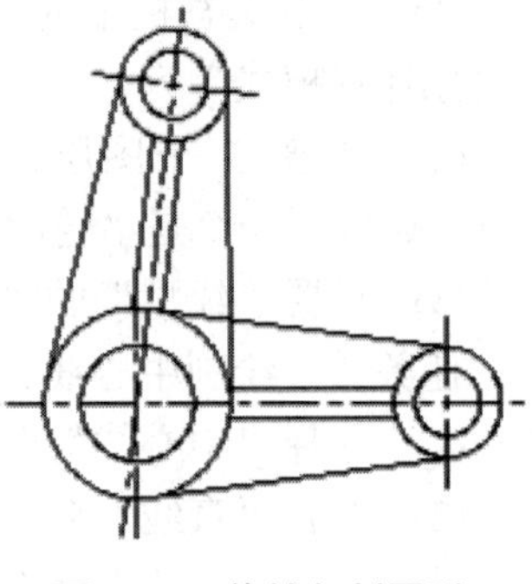

图 3-63　旋转复制图形

任务五　创建圆角

(1) 单击"圆角"按钮，或在命令行输入 F 并按 Enter 键。

(2) 命令行提示为"选择第一个对象或[放弃(U)/多段线(P)/半径(R)/修剪(T)/多个(M)]："时，输入选项 R。

(3) 命令行提示为"指定圆角半径："时，输入圆角半径 8。

(4) 命令行提示为"选择第一个对象或[放弃(U)/多段线(P)/半径(R)/修剪(T)/多个(M)]："时，输入选项 T。

(5) 命令行提示为"输入修剪模式选项[修剪(T)/不修剪(N)]："时，输入选项 T。

(6) 命令行提示为"选择第一个对象或[放弃(U)/多段线(P)/半径(R)/修剪(T)/多个(M)]："时，选择第一条相交切线。

(7) 命令行提示为"选择第二个对象，或按住 Shift 键选择对象以应用角点或[半径

(R)]：”时，选择第二条相交切线。

(8)　删除图中左侧的垂直中心线。

3.5　调整形状操作

在 AutoCAD 中，调整图形形状的命令主要有修剪、延伸、拉长、拉伸和缩放。

3.5.1　修剪

使用“修剪”命令可以用指定的边线修剪图形元素的多余部分。修剪和删除的区别在于：修剪命令用于剪掉图形元素的一部分，而删除命令则将选中的图形元素全部删除。

单击“修改”工具栏中的“修剪”按钮 ，或者在命令行输入 TR 并按 Enter 键，可以以一个或两个图形对象为剪切边修剪其他对象。

3.5.2　延伸

使用“延伸”命令可以延伸指定的对象与另一对象相交或外观相交。

单击“修改”工具栏中的“延伸”按钮 ，或者在命令行输入 EX 并按 Enter 键，可以将直线、圆弧、椭圆弧和非闭合多段线等对象延长到指定边界。

【练习 3-11】绘制图 3-64 所示三角形并将其顶角三等分。

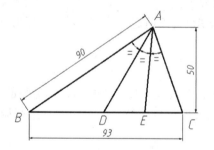

微课 3-11

图 3-64　利用修剪和延伸命令编辑图形

任务一　设置绘图环境

(1)　启用状态栏中的“极轴追踪”“对象捕捉”和“对象捕捉追踪”功能，并设置“对象捕捉模式”为“端点”“节点”和“交点”。

(2)　新建两个图层：一个是“轮廓线”图层，线宽为 0.3mm；另一个是“标注”图层，颜色为青色。

任务二　绘制三角形

(1)　选择“轮廓线”图层为当前图层。

(2)　执行“直线”命令，在绘图区域绘制长为 93 的水平直线。

(3)　执行“偏移”命令，将水平直线向上偏移 50。

(4)　执行“圆”命令，以水平直线左侧端点为圆心，绘制半径为 90 的圆。

(5) 执行"直线"命令，分别连接偏移直线与圆的交点和水平直线左、右两侧端点。

(6) 删除偏移线和辅助圆。

任务三　三等分圆弧

(1) 执行"圆"命令，以顶点 *A* 为圆心、长度 *AC* 为半径，绘制圆形。

(2) 执行"修剪"命令，以直线 *AB* 和 *AC* 为剪切边，修剪圆形。

(3) 执行菜单命令"格式"→"点样式"，设置"点样式"为⊗。

(4) 选择菜单命令"绘图"→"点"→"定数等分"，或在命令行输入 DIV 并按 Enter 键。

(5) 命令行提示为"选择要等分的对象："时，选择图形中的圆弧。

(6) 命令行提示为"输入线段数目："时，输入 3，将圆弧三等分。

(7) 执行"直线"命令，分别连接顶点 *A* 与两个等分节点，如图 3-65 所示。

(8) 删除圆弧与等分节点。

任务四　修剪及延伸等分角线段

(1) 单击"延伸"按钮 ⌐⁄，或在命令行输入 EX 并按 Enter 键。

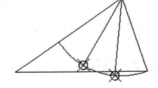

图 3-65　绘制等分顶角线段

(2) 命令行提示为"选择边界的边："时，单击三角形的底边。

(3) 命令行提示为"选择要修剪的对象，或按住 Shift 键选择要延伸的对象，或[栏选(F)/窗交(C)/投影(P)/边(E)/删除(R)/放弃(U)/]："时，单击直线 *AD* 的下半段部分。

(4) 执行"修剪"命令，以直线 *BC* 为修剪边，修剪直线 *AE* 超出三角形的部分。

3.5.3　拉长

使用"拉长"命令可以修改直线、多段线的长度或圆弧、椭圆弧的包含角。

一般情况下，水平或垂直线段的长度可使用拉伸夹点的方法进行调整，斜线的长度则应使用拉长命令来调整。

单击"修改"工具栏中的"拉长"按钮 ✎，或者在命令行输入 LEN 并按 Enter 键，即可对选定的图形对象进行拉长或缩短操作。

【练习 3-12】利用拉长命令绘制图 3-66 所示图形。

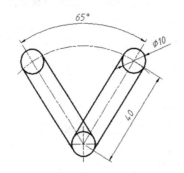

图 3-66　利用拉长命令编辑图形

微课 3-12

任务一 设置绘图环境

(1) 启用状态栏中的"极轴追踪""对象捕捉"和"对象捕捉追踪"功能，并设置"对象捕捉模式"为"端点""交点""圆心"和"切点"。

(2) 新建 3 个图层：一个是"中心线"图层，颜色为红色，线型加载为 ACAD_ISO04W100；一个是"轮廓线"图层，线宽为 0.3mm；一个是"标注"图层，颜色为青色。

(3) 设置"线型"的"全局比例因子"为 0.5。

任务二 绘制图形

(1) 选择"中心线"图层为当前图层。

(2) 执行"直线"命令，绘制一条水平中心线和一条垂直中心线。

(3) 重复"直线"命令。

(4) 命令行提示为"指定第一点："时，捕捉并单击两条中心线的交点。

(5) 命令行提示为"指定下一点或[放弃(U)]："时，在命令行输入极坐标@40<57.5。

(6) 选择"轮廓线"图层为当前图层。

(7) 执行"圆"命令，在直线的两个端点处分别绘制直径为 10 的圆。

(8) 执行"直线"命令，在两个圆的两侧分别绘制与两圆相切的直线，如图 3-67 所示。

(9) 执行"镜像"命令，将已绘制的图形镜像到竖直中心线的左侧。

(10) 选择"中心线"图层为当前图层。

(11) 执行菜单命令"绘图"→"圆弧"→"起点、端点、角度"，绘制起点为右侧圆心、终点为左侧圆心、角度为 65°的圆弧，如图 3-68 所示。

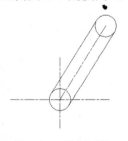

图 3-67 绘制图形

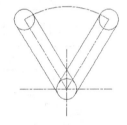

图 3-68 镜像图形

任务三 调整中心线长度

(1) 分别选中图形下方水平中心线和垂直中心线，利用夹点调整其长度，如图 3-69 所示。

(2) 执行菜单命令"修改"→"拉长"，或在命令行输入 LEN 并按 Enter 键。

(3) 命令行提示为"选择对象或[增量(DE)/百分数(P)/全部(T)/动态(DY)]："时，输入选项 DY。

(4) 命令行提示为"选择要修改的对象或[放弃(U)]："时，单击圆弧右侧并向右移动鼠标，直至右侧圆弧到合适长度。

(5) 命令行中再次出现"选择要修改的对象或[放弃(U)]："提示时，单击圆弧左侧并向左移动鼠标，直至左侧圆弧到合适长度。

(6) 命令行中再次出现"选择要修改的对象或[放弃(U)]："提示时，单击左侧斜线上方并向上移动鼠标，直至直线到合适长度。

(7) 命令行中再次出现"选择要修改的对象或[放弃(U)]："提示时，单击右侧斜线上方并向上移动鼠标，直至直线到合适长度，如图 3-70 所示。

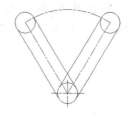
图 3-69　利用夹点调整长度

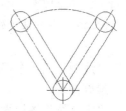
图 3-70　拉长命令调整长度

3.5.4　拉伸

使用"拉伸"命令可以在一个方向上按照用户指定的尺寸拉长或缩短图形对象。"拉伸"命令是通过改变端点位置来拉长或缩短图形对象的，拉伸过程中除被拉伸的对象外，其他图形对象间的几何关系保持不变。

单击"修改"工具栏中的"拉伸"按钮，或者在命令行输入 S 并按 Enter 键，即可对选定的对象进行拉伸或缩短。

【练习 3-13】利用镜像和拉伸命令绘制图 3-71 所示图形。

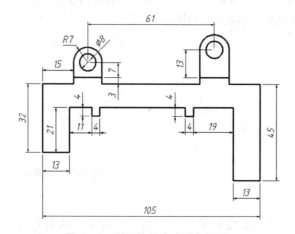

微课 3-13

图 3-71　利用拉伸命令编辑图形

任务一　设置绘图环境

(1) 启用状态栏中的"极轴追踪""对象捕捉"和"对象捕捉追踪"功能，并设置"对象捕捉模式"为"端点""交点""中点"和"圆心"。

(2) 新建两个图层：一个是"轮廓线"图层，线宽为 0.3mm；另一个是"标注"图层，颜色为青色。

任务二　绘制基本图形

从图形轮廓来看，左、右两部分虽然不同，但比较相似，所以可以先绘制左半部分图形，然后镜像出右半部分图形，最后再通过拉伸命令对右半部分图形进行修改。

(1) 选择"轮廓线"图层为当前图层。

(2) 执行"直线"命令，按图中所示尺寸绘制图形左半部分的轮廓线，效果如图 3-72 所示。

(3) 执行"镜像"命令镜像图形，效果如图 3-73 所示。

图 3-72　绘制左半部分图形　　　　　　　　图 3-73　镜像图形

任务三　拉伸图形

(1) 单击"拉伸"按钮，或在命令行输入 S 并按 Enter 键。

(2) 命令行提示为"以交叉窗口或交叉多边形选择要拉伸的对象…"时，以窗交方式选择要拉伸的图形对象，如图 3-74 所示。

注意：进行拉伸操作时，必须用窗交方式或交叉多边形方式选择要拉伸的图形对象。

(3) 命令行提示为"指定基点或[位移(D)]："时，在绘图窗口任一点处单击。

(4) 命令行提示为"指定第二个点或<使用第一个点作为位移>："时，向上移动鼠标，输入拉伸距离 6(即 13-7)，结果如图 3-75 所示。

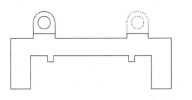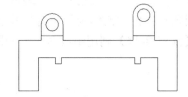

图 3-74　选择拉伸对象　　　　　　　　　　图 3-75　向上拉伸图形

(5) 按空格键重复拉伸命令。

(6) 命令行提示为"以交叉窗口或交叉多边形选择要拉伸的对象…"时，以窗交方式选择要拉伸的图形对象，如图 3-76 所示。

(7) 命令行提示为"指定基点或[位移(D)]："时，在绘图窗口任一点处单击。

(8) 命令行提示为"指定第二个点或<使用第一个点作为位移>："时，向下移动鼠标，输入拉伸距离 13(即 45-32)，结果如图 3-77 所示。

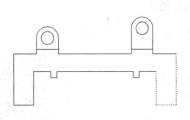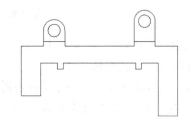

图 3-76　选择拉伸对象　　　　　　　　　　图 3-77　向下拉伸图形

(9) 按空格键重复拉伸命令。

(10) 命令行提示为"以交叉窗口或交叉多边形选择要拉伸的对象…"时，以窗交方式选择要拉伸的图形对象，如图 3-78 所示。

(11) 命令行提示为"指定基点或[位移(D)]:"时，在绘图窗口任一点处单击。

(12) 命令行提示为"指定第二个点或<使用第一个点作为位移>:"时，向左移动鼠标，输入拉伸距离 8(即 19-11)，结果如图 3-79 所示。

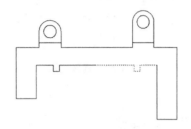
图 3-78 选择拉伸对象

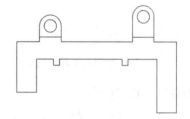
图 3-79 向左拉伸图形

3.5.5 缩放

使用"缩放"命令可以将选定的图形对象以指定的基点为中心，按指定的比例进行放大或缩小。

单击"修改"工具栏中的"缩放"按钮 ，或者在命令行输入 SC 并按 Enter 键，可以将对象按指定的比例因子相对于基点进行尺寸缩放。

【练习 3-14】利用缩放命令绘制图 3-80 所示图形。

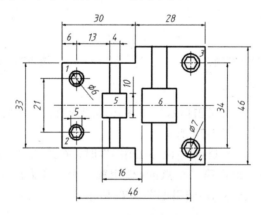
图 3-80 利用缩放命令编辑图形

说明：图中部件 3、4 是 1、2 按比例放大的结果，6 是 5 按比例放大的结果。

任务一 设置绘图环境

(1) 启用状态栏中的"极轴追踪""对象捕捉"和"对象捕捉追踪"功能，并设置"对象捕捉模式"为"端点""交点""中点"和"圆心"。

(2) 新建 3 个图层：一个是"中心线"图层，颜色为红色，线型加

微课 3-14-1

载为 ACAD_ISO04W100；一个是"轮廓线"图层，线宽为 0.3mm；一个是"标注"图层，颜色为青色。

(3) 设置"线型"的"全局比例因子"为 0.5。

任务二 绘制外轮廓线

(1) 选择"轮廓线"图层为当前图层。

(2) 执行"直线"命令，按图中所示尺寸绘制外轮廓线。

(3) 选择"中心线"图层为当前图层。

(4) 执行"直线"命令，绘制通过左、右两侧竖线中点的水平中心线。

任务三 绘制组件 1、2、5

(1) 选择"轮廓线"图层为当前图层。

(2) 执行"圆"命令。

(3) 命令行提示为"指定圆的圆心或[三点(3P)/两点(2P)/切点、切点、半径(T)]："时，输入"临时追踪点"命令 tt。

(4) 命令行提示为"指定临时对象追踪点："时，捕捉轮廓线左上角点，并向右追踪 6。

(5) 命令行提示为"指定圆的圆心或[三点(3P)/两点(2P)/切点、切点、半径(T)]："时，再向下追踪 6。

(6) 命令行提示为"指定圆的半径或[直径(D)]："时，输入圆的半径 3。

(7) 执行"多边形"命令，以圆心为正多边形的中心，绘制内接于圆的半径为 2.5 的正六边形。

(8) 执行"复制"命令，将绘制的圆和正多边形复制到向下追踪 21 后的位置，如图 3-81 所示。

(9) 执行"偏移"命令，将轮廓线左侧竖线向右依次偏移 19 和 4，再将左侧偏移竖线向左偏移 3，将右侧偏移竖线向右偏移 3，将水平中心线分别向上、向下各偏移 5。

(10) 执行"修剪"命令，对偏移直线进行修剪。

(11) 将两条水平直线转换到轮廓线图层，结果如图 3-82 所示。

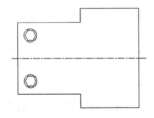

图 3-81 绘制部件 1、2

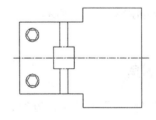

图 3-82 绘制部件 5

任务四 复制图形

(1) 执行"复制"命令，将部件 1 和 2 复制到向右追踪 46 的位置。

(2) 执行"移动"命令，将部件 3 向上移动 6.5。

(3) 重复"移动"命令，将部件 4 向下移动 6.5。

(4) 执行"复制"命令，将部件 5 复制到向右追踪 16 的位置，结果

微课 3-14-2

全国高职高专『十三五』贯穿式＋立体化创新规划教材

如图 3-83 所示。

任务五　缩放对象

(1) 单击"缩放"按钮 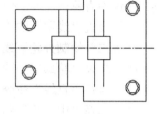，或在命令行输入 SC 并按 Enter 键。

(2) 命令行提示为"选择对象："时，选择部件 3。

(3) 命令行提示为"指定基点："时，单击部件 3 的圆心。

(4) 命令行提示为"指定比例因子或[复制(C)/参照(R)]："时，输入 7/6。

图 3-83　复制部件 1、2、5

(5) 用同样的方法，将部件 4 缩放到原来的 7/6，结果如图 3-84 所示。

(6) 单击"缩放"按钮 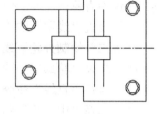，或在命令行输入 SC 并按 Enter 键。

(7) 命令行提示为"选择对象："时，选择部件 5 的全部直线。

(8) 命令行提示为"指定基点："时，单击正方形左侧竖线与水平中心线的交点。

(9) 命令行提示为"指定比例因子或[复制(C)/参照(R)]："时，输入 46/33，结果如图 3-85 所示。

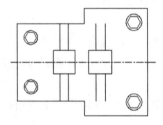

图 3-84　放大部件 1、2

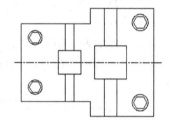

图 3-85　放大部件 5

3.6　编辑图形对象

在 AutoCAD 中，编辑图形对象的命令主要有圆角、倒角、合并、分解、打断和打断于点。

3.6.1　圆角

使用"圆角"命令可以方便、快速地在两个图形对象之间绘制光滑过渡的圆弧线。

单击"修改"工具栏中的"圆角"按钮，或者在命令行输入 F 并按 Enter 键，即可对选定的对象进行圆角。

3.6.2　倒角

使用"倒角"命令可以去除零件端部因机加工产生的毛刺，也可以便于零件装配。

单击"修改"工具栏中的"倒角"按钮，或者在命令行输入 CHA 并按 Enter 键，即可对选定的对象进行倒角。

【练习 3-15】利用圆角和倒角命令绘制图 3-86 所示图形。

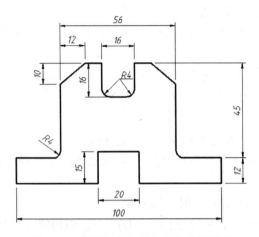

微课 3-15

图 3-86　利用圆角和倒角命令编辑图形

任务一　设置绘图环境

(1) 启用状态栏中的"极轴追踪""对象捕捉"和"对象捕捉追踪"功能，并设置"对象捕捉模式"为"端点"和"交点"。

(2) 新建两个图层：一个是"轮廓线"图层，线宽为 0.3mm；另一个是"标注"图层，颜色为青色。

任务二　绘制轮廓线

(1) 选择"轮廓线"图层为当前图层。

(2) 执行"直线"命令，按图 3-87 所示尺寸绘制轮廓线。

任务三　倒角

(1) 单击"倒角"按钮，或在命令行输入 CHA 并按 Enter 键。

(2) 命令行提示为"选择第一条直线或[放弃(U)/多段线(P)/距离(D)角度(A)/修剪(T)/方式(E)/多个(M)]："时，输入选项 D。

(3) 命令行提示为"指定第一个倒角距离："时，输入 12。

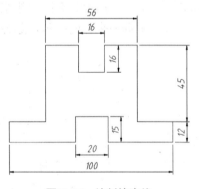

图 3-87　绘制轮廓线

(4) 命令行提示为"指定第二个倒角距离："时，输入 10。

(5) 命令行提示为"选择第一条直线或[放弃(U)/多段线(P)/距离(D)角度(A)/修剪(T)/方式(E)/多个(M)]："时，输入选项 T。

(6) 命令行提示为"输入修剪模式选项[修剪(T)/不修剪(N)]"时，输入选项 T。

(7) 命令行提示为"选择第一条直线或[放弃(U)/多段线(P)/距离(D)角度(A)/修剪(T)/方式(E)/多个(M)]："时，输入选项 M。

(8) 命令行提示为"选择第一条直线或[放弃(U)/多段线(P)/距离(D)角度(A)/修剪(T)/方

全国高职高专『十三五』贯穿式＋立体化创新规划教材

式(E)/多个(M)]:"时，单击左上角水平线。

(9) 命令行提示为"选择第二条直线或[放弃(U)/多段线(P)/距离(D)角度(A)/修剪(T)/方式(E)/多个(M)]:"时，单击左上角垂直线。

(10) 命令行提示为"选择第一条直线或[放弃(U)/多段线(P)/距离(D)角度(A)/修剪(T)/方式(E)/多个(M)]:"时，单击右上角水平线。

(11) 命令行提示为"选择第二条直线或[放弃(U)/多段线(P)/距离(D)角度(A)/修剪(T)/方式(E)/多个(M)]:"时，单击右上角垂直线，效果如图 3-88 所示。

任务四　圆角

(1) 单击"圆角"按钮，或在命令行输入 F 并按 Enter 键。

(2) 命令行提示为"选择第一个对象或[放弃(U)/多段线(P)/半径(R)/修剪(T)/多个(M)]:"时，输入选项 R。

(3) 命令行提示为"指定圆角半径:"时，输入 4。

(4) 命令行提示为"选择第一个对象或[放弃(U)/多段线(P)/半径(R)/修剪(T)/多个(M)]:"时，输入选项 T。

(5) 命令行提示为"输入修剪模式选项[修剪(T)/不修剪(N)]:"时，输入选项 T。

(6) 命令行提示为"选择第一个对象或[放弃(U)/多段线(P)/半径(R)/修剪(T)/多个(M)]:"时，输入选项 M。

(7) 命令行提示为"选择第一个对象或[放弃(U)/多段线(P)/半径(R)/修剪(T)/多个(M)]:"时，单击轮廓线中左侧需圆角的竖线。

(8) 命令行提示为"选择第二个对象，或按住 Shift 键选择对象以应用角点或[半径(R)]:"时，单击轮廓线中左侧需圆角的横线。

(9) 根据命令行的提示，选择其他需圆角的相交直线，效果如图 3-89 所示。

图 3-88　倒角　　　　　　　　　　　　图 3-89　圆角

3.6.3　打断

"打断"命令用于将图形对象在两个地方打断，并删除所选图形对象的一部分。对于直线、圆弧、多段线等非闭合的图形对象，使用打断命令可以删除其中的一段；对于矩形、圆、椭圆等闭合的图形对象，使用打断命令可以用两个不重合的断点按逆时针方向删除图形对象中的一段。

单击"修改"工具栏中的"打断"按钮，或者在命令行输入 BR 并按 Enter 键，即可对选定的对象进行打断操作。

【练习 3-16】利用打断命令绘制图 3-90 所示图形。

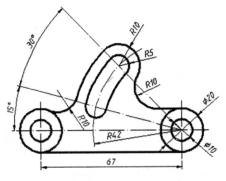

图 3-90　利用打断命令编辑图形

微课 3-16

任务一　设置绘图环境

(1) 启用状态栏中的"极轴追踪""对象捕捉"和"对象捕捉追踪"功能，并设置"对象捕捉模式"为"端点""交点"和"圆心"。

(2) 新建 3 个图层：一个是"中心线"图层，颜色为红色，线型加载为 ACAD_ISO04W100；一个是"轮廓线"图层，线宽为 0.3mm；一个是"标注"图层，颜色为青色。

(3) 设置"线型"的"全局比例因子"为 0.5。

任务二　绘制中心线

(1) 选择"中心线"图层为当前图层。

(2) 执行"直线"命令，绘制一条水平中心线和一条垂直中心线。

(3) 执行"偏移"命令，将垂直中心线向右偏移 67。

(4) 执行"直线"命令。

(5) 执行"圆"命令，以右侧垂直中心线与水平中心线的交点为圆心，绘制半径为 42 的辅助圆。

(6) 命令行提示为"指定第一点："时，单击右侧垂直中心线与水平中心线的交点。

(7) 命令行提示为"指定下一点或[放弃(U)]："时，在命令行输入极坐标<135，移动鼠标到适当长度后单击，绘制图中夹角为 30°的中心线。

(8) 重复"直线"命令，输入极坐标<165，绘制图中夹角为 15°的中心线，结果如图 3-91 所示。

任务三　绘制图形

(1) 选择"轮廓线"图层为当前图层。

(2) 以右侧垂直中心线与水平中心线的交点为圆心，绘制直径分别为 10 和 20 的两个同心圆。

(3) 执行"复制"命令。

(4) 命令行提示为"选择对象："时，选择直径分别为 10 和 20 的两个同心圆。

(5) 命令行提示为"指定基点或[位移(D)/模式(O)]："时，单击选择同心圆的圆心。

(6) 命令行提示为"指定第二个点或[阵列(A)]<使用第一个点作为位移>："时，分别单击左侧垂直中心线与水平中心线的交点、辅助圆与两处辅助斜线的交点，复制 3 组同心圆，结果如图 3-92 所示。

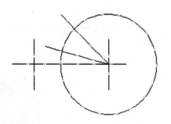

图 3-91　绘制中心线

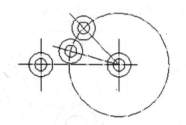

图 3-92　绘制同心圆

(7)　单击"打断"按钮 ，或者在命令行输入 BR 并按 Enter 键。

(8)　命令行提示为"选择对象："时，首先单击任务栏中的"对象捕捉"按钮，关闭对象捕捉功能。然后单击夹角 15°处半径为 10 的圆的下方。

(9)　命令行提示为"指定第二个打断点或[第一点(F)]："时，单击夹角 30°处半径为 10 的圆的右上方。

注意： 两处断点的选择要按逆时针方向进行。

(10) 执行"直线"命令，分别捕捉两条垂直中心线与两个直径为 10 的圆的下方的交点绘制长为 67 的水平直线。

(11) 重复"直线"命令，捕捉右侧垂直中心线与直径为 20 的圆上方的交点向左绘制适当长度的直线，效果如图 3-93 所示。

(12) 执行"圆角"命令，对图形右侧短直线和上方半径为 10 的圆进行圆角处理。

(13) 重复"圆角"命令，对图中左侧半径为 10 的圆和夹角为 15°的辅助直线处的半径为 10 的圆进行圆角处理，结果如图 3-94 所示。

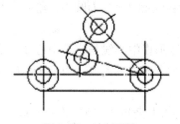

图 3-93　绘制直线

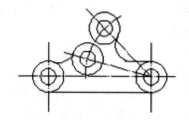

图 3-94　圆角

(14) 选择菜单命令"绘图"→"圆弧"→"圆心、起点、端点"，以右侧同心圆的圆心为圆心，绘制 3 条圆弧。

(15) 删除夹角为 15°的辅助直线处的半径为 10 的圆，结果如图 3-95 所示。

(16) 选择"修剪"命令，修剪图形，结果如图 3-96 所示。

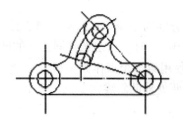

图 3-95　绘制圆弧

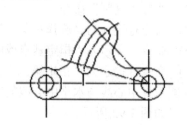

图 3-96　修剪图形

(17) 利用夹点调整水平中心线和垂直中心线的长度。

(18) 选择"拉长"命令，调整与水平中心线夹角分别为 15°和 30°的辅助线的长度，以及辅助圆弧的包含角。

3.6.4　打断于点

"打断于点"就是在指定点打断选定对象，打断之处没有间隙。有效的对象包括直线、开放的多段线、圆弧等，但不能是圆、矩形、多边形等封闭的图形。

单击"修改"工具栏中的"打断于点"按钮 ⌐，即可对选定的对象进行打断于点操作。

【练习 3-17】利用打断于点命令绘制图 3-97 所示图形。

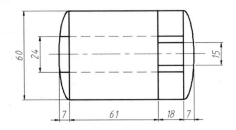

微课 3-17

图 3-97　利用打断于点命令编辑图形

任务一　设置绘图环境

(1) 启用状态栏中的"极轴追踪""对象捕捉"和"对象捕捉追踪"功能，并设置"对象捕捉模式"为"端点"和"交点"。

(2) 新建 4 个图层：一个是"中心线"图层，颜色为红色，线型加载为 ACAD_ISO04W100；一个是"轮廓线"图层，线宽为 0.3mm；一个是"虚线"图层，线型为 DASHED2；一个是"标注"图层，颜色为青色。

(3) 设置"线型"的"全局比例因子"为 0.5。

任务二　绘制图形

(1) 选择"中心线"图层为当前图层。

(2) 执行"直线"命令，绘制一条水平中心线和一条垂直中心线。

(3) 执行"偏移"命令，将水平中心线分别向上、向下各偏移 7.5、12、30。

(4) 重复"偏移"命令，将垂直中心线依次向右偏移 61 和 18。

(5) 执行"椭圆"命令，以左侧垂直中心线和水平中心线交点为中心点，绘制水平半轴为 7、垂直半轴为 30 的椭圆。

(6) 重复"椭圆"命令，以右侧垂直中心线和水平中心线交点为中心点，绘制水平半轴为 7、垂直半轴为 30 的椭圆。

(7) 执行"修剪"命令，对图形进行修剪，结果如图 3-98 所示。

任务三　打断于点

图 3-98 中有 6 处需要打断于点。

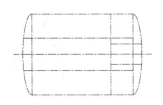

图 3-98　绘制图形

全国高职高专"十三五"贯穿式+立体化创新规划教材

(1) 单击"打断于点"按钮 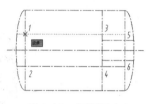。

(2) 命令行提示为"选择对象："时，单击图 3-99 所示标注 1、3 的直线。

(3) 命令行提示为"指定第一个打断点："时，捕捉并单击图中标注 1 所在位置。

(4) 用同样的方法，在其他几处需要改变线型的位置打断于点。

任务四　改变线型

(1) 选择断点 1、3 之间的直线和 2、4 之间的直线以及断点 5 和 6 右侧的直线，将其转换到虚线图层。

(2) 选择除虚线和水平中心线以外的其他直线，将其转换到轮廓线图层，结果如图 3-100 所示。

图 3-99　打断于点

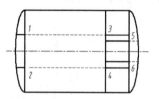

图 3-100　改变线型

课 后 练 习

1. 绘制图 3-101 所示图形。

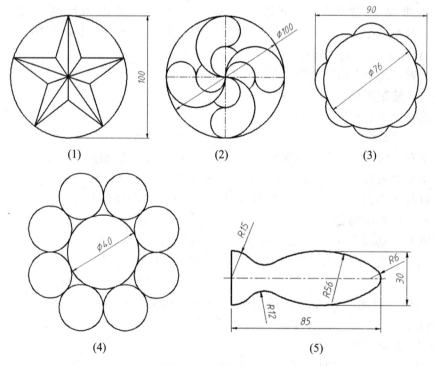

(1)　　　　　　(2)　　　　　　(3)

(4)　　　　　　(5)

图 3-101　课后练习 1

2. 绘制图 3-102 所示图形。

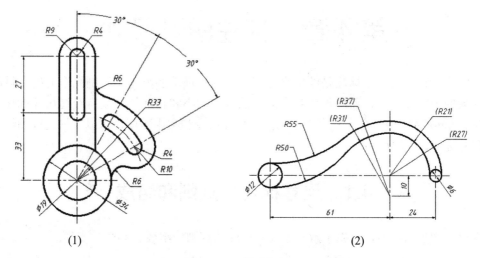

(1)　　　　　　　　　　　　　　　　　　　　　(2)

图 3-102　课后练习 2

3. 绘制图 3-103 所示图形。

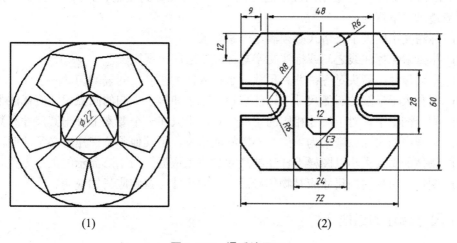

(1)　　　　　　　　　　　　　　　　　　　　　(2)

图 3-103　课后练习 3

全国高职高专「十三五」贯穿式＋立体化创新规划教材

第4章 标注图形尺寸

在图形设计中，尺寸标注是绘图设计工作中的一项重要内容。绘制图形的根本目的是反映对象的形状和尺寸，而图形中各个对象的真实大小和相互位置只有经过尺寸标注后才能确定。AutoCAD 中包含了一套完整的尺寸标注命令和实用程序，可以轻松完成图纸中要求的尺寸标注。

4.1 尺寸标注的规则和组成

在进行图形标注前，首先了解一下尺寸标注的规则、组成、类型及步骤。

4.1.1 尺寸标注的规则

在 AutoCAD 中，对绘制的图形进行尺寸标注时应做到完整、正确、规范、清晰、美观，即应遵循以下规则。

(1) 标注文字的大小及格式必须满足国家标准。

(2) 尽量避免标注线之间或标注文字与标注线之间出现交叉。

(3) 串列尺寸，箭头对齐；并列尺寸，小在内，大在外，间隔均匀。

(4) 圆和大于半圆的圆弧尺寸应标注直径；小于和等于半圆的圆弧尺寸应标注半径。

(5) 同一图形中，对于尺寸相同的组成要素，可只在一个要素上标出其尺寸和数量。

(6) 图样中的尺寸以毫米为单位时不需标注单位，用其他单位标注时必须注明。

(7) 物体的真实大小以图样上标注的尺寸数值为依据，与图形显示的大小无关。

(8) 图样上所标注的尺寸应是物体最后完工的尺寸；否则应另加说明。

4.1.2 尺寸标注的组成

用 AutoCAD 绘制的图形中，一个完整的尺寸标注应由尺寸线、尺寸界线、箭头和标注文字等部分组成，如图 4-1 所示。

(1) 尺寸线。尺寸线是表示尺寸标注方向和长度的线段。除角度型尺寸标注的尺寸是弧线段外，其他类型尺寸标注的尺寸线均为直线段。

(2) 尺寸界线。尺寸界线是从被标注对象边界到尺寸线的直线，它界定了尺寸线的起始位置与终止位置。

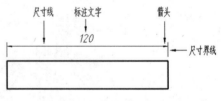

图 4-1 尺寸标注的组成

(3) 箭头。箭头是添加在尺寸线两端的端结符号。在我国的国家标准中，规定该端结符号可以用箭头、短斜线和圆点等表示，如图 4-2 所示。

(4) 标注文字。标注文字是一个字符串，用于表示被标注对象的长度或者角度等。标注文字中除包含基本的尺寸数字外，还可以包含有前缀、后缀和公差等。

(5) 旁注线。旁注线是从注释到引用特征的线段。当被标注的对象太小或尺寸界线间的间距太窄而放不下标注文字时，通常采用旁注线引出标注，如图 4-3 所示。

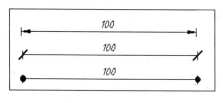

图 4-2　箭头的类型

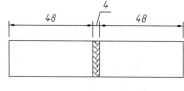

图 4-3　旁注线

4.1.3　尺寸标注的类型

AutoCAD 2012 提供了十余种标注工具以标注图形对象，分别位于"标注"菜单或"标注"工具栏中。使用它们可以进行线性、对齐、半径、直径、角度、弧长、坐标、圆心等基本标注，还可以进行公差标注、基线标注、连续标注、快速标注、多重引线等标注，图 4-4 所示"标注"工具栏中列出了标注尺寸常用的工具按钮。

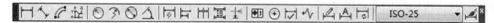

图 4-4　标注工具栏

4.1.4　尺寸标注的步骤

在 AutoCAD 中，对图形进行尺寸标注的基本步骤如下。
(1) 创建尺寸标注图层。
(2) 设置尺寸标注用的文字样式。
(3) 设置尺寸标注样式。
(4) 标注尺寸。
(5) 编辑尺寸标注。

4.2　创建与设置标注样式

使用标注样式可以控制尺寸标注的格式和外观，建立强制执行的绘图标准，并有利于对标注格式及用途进行修改。它主要定义了尺寸线、尺寸界线、尺寸线的端点符号以及尺寸数字的字体、字高和精度等几个方面的内容。

要创建新的标注样式，选择"格式"→"标注样式"菜单命令，或在命令行输入 D 并按 Enter 键，打开图 4-5 所示的"标注样式管理器"对话框。

单击"新建"按钮，打开"创建新标注样式:副本 ISO-25"对话框，在"新样式名"文本框中输入新样式的名称。在"基础样式"下拉列表框中选择一种基础样式，新样式将在该基础样式基础上进行修改。在"用于"下拉列表框中指定新建标注样式的适用范围，

全国高职高专『十三五』贯穿式＋立体化创新规划教材

包括"所有标注""线性标注""角度标注"等选项。

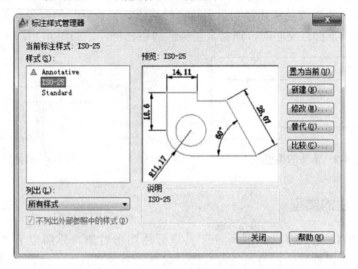

图 4-5 "标注样式管理器"对话框

设置新建样式的名称、基础样式和适用范围后，单击"确定"按钮，将打开"新建标注样式"对话框，如图 4-6 所示。

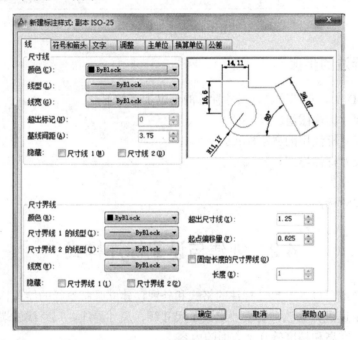

图 4-6 "线"选项卡

4.2.1 设置"线"样式

在"新建标注样式:副本 ISO-25"对话框中，使用"线"选项卡可以设置"尺寸线"和"尺寸界线"的格式和位置。

在"尺寸线"选项组中，可以设置尺寸线的"颜色""线型""线宽""超出标记""基线间距"和"隐藏"等属性。

在"尺寸界限"选项组中，可以设置尺寸界线的"颜色""线型""线宽""超出尺寸线""起点偏移量"和"隐藏"等属性。

4.2.2 设置"符号和箭头"样式

在"新建标注样式:副本 ISO-25"对话框中，使用"符号和箭头"选项卡可以设置箭头、圆心标记、折断标注、弧长符号、半径折弯标注和线性折弯标注的格式与位置，如图 4-7 所示。

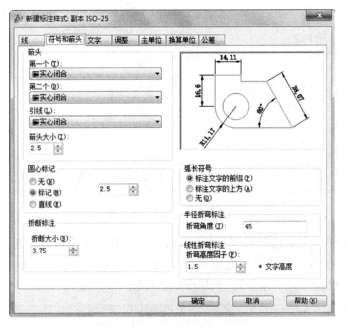

图 4-7 "符号和箭头"选项卡

(1) 在"箭头"选项组中可以设置箭头和引线箭头的类型及大小等。通常情况下，尺寸线的两个箭头应一致。

(2) 在"圆心标记"选项组中可以设置圆或圆弧的圆心标记类型，如"无""标记""直线"。

(3) "折断标注"用于显示和设定折断标注时自动产生的间隙大小。

(4) "弧长符号"用于设置弧长符号显示的位置，包括"标注文字的前缀""标注文字的上方"和"无"3 种方式。

(5) "半径折弯标注"用于设置折弯半径标注中圆弧半径标注线的折弯角度的大小。

(6) "线性折弯标注"用于设置折弯标注打断时折弯线高度的大小。

4.2.3 设置"文字"样式

在"新建标注样式:副本 ISO-25"对话框中，可以使用"文字"选项卡设置标注文字的外观、位置和对齐方式，如图 4-8 所示。

在"文字外观"选项组中可以设置文字的样式、颜色、高度和分数高度比例，以及是否设置文字边框等。

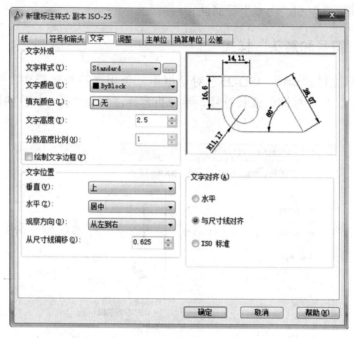

图 4-8 "文字"选项卡

单击"文字样式"下拉列表框后的 ⋯ 按钮，打开"文字样式"对话框，可以新建文字样式或选择已有的文字样式。通常设置"SHX 字体"为 gbeitc.shx，选中"使用大字体"复选框后，设置"大字体"为 gbcbig.shx，如图 4-9 所示。

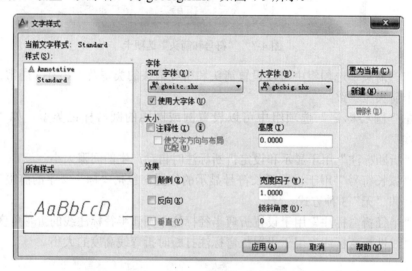

图 4-9 "文字样式"对话框

在"文字位置"选项组中可以设置文字的垂直、水平位置以及从尺寸线的偏移量等。

在"文字对齐"选项组中可以设置标注文字是保持水平还是与尺寸线平行。

4.2.4 设置"调整"样式

在"新建标注样式:副本 ISO-25"对话框中，可以使用"调整"选项卡设置标注文字、尺寸线和尺寸箭头的位置，如图 4-10 所示。

图 4-10 "调整"选项卡

(1) 在"调整选项"选项组中，用来确定如果尺寸界线之间没有足够的空间来放置文字和箭头，那么根据选择可以首先从尺寸界线中移出下列哪个项目。

(2) 在"文字位置"选项组中，用来确定当文字不能显示在默认位置上时可将其放置在什么位置。

(3) 在"标注特征比例"选项组中，可以设置标注尺寸的特征比例，以便通过设置全局比例来增加或减少各标注的大小。

(4) 在"优化"选项组中，可以对标注文字和尺寸线进行优化调整。

另外，可以使用"主单位"选项卡设置主单位的格式与精度等属性；使用"换算单位"选项卡设置换算单位的格式与精度等属性，通过换算标注单位可以转换使用不同测量单位制的标注，通常是显示英制标注的等效公制标注，或公制标注的等效英制标注；使用"公差"选项卡设置是否标注公差以及以何种方式进行标注。

4.3 标 注 尺 寸

尺寸标注是图形设计中的一个重要步骤，是施工的依据，进行尺寸标注后能清晰、准确地反映设计元素的形状大小和相互关系。当用户完成某个图形的绘制后，必须对其进行尺寸标注,这样才能将其应用到施工等领域中;否则施工方无法知道对象的具体尺寸,便不能按照图纸进行施工。

默认情况下,标注工具栏不显示在绘图窗口。光标指向任一工具按钮后单击右键,在弹出的快捷菜单中选择"标注"命令,使"标注"工具栏显示在绘图窗口,如图 4-11 所示。

图 4-11 标注工具栏

4.3.1 线性标注和对齐标注

1．线性标注

线性标注用于标注水平或垂直方向上两点间的距离。单击"线性"标注按钮 ⊢┤,或在命令行输入 DLI 并按 Enter 键,通过移动光标指定需要标注尺寸的图元的起点和端点位置,便可以对图形进行线性标注,如图 4-12 所示。

2．对齐标注

对齐标注用来标注非水平或垂直方向上两点间的距离。单击"对齐"标注按钮 ⁀,或在命令行输入 DAL 并按 Enter 键,通过移动光标指定需要标注尺寸的图元的起点和端点位置,便可以对图形进行对齐标注,如图 4-13 所示。

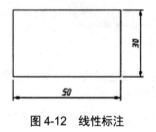

图 4-12 线性标注

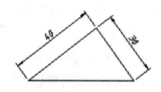

图 4-13 对齐标注

4.3.2 半径标注和直径标注

1．半径标注

半径标注用来标注圆或圆弧的半径。单击"半径"标注按钮 ⊘,或在命令行输入 DRA 并按 Enter 键,选择需要标注半径尺寸的圆或圆弧,便可以进行半径标注。半径标注前有 R 前缀,如图 4-14 所示。

2．直径标注

直径标注用来标注圆或圆弧的直径。单击"直径"标注按钮 ⊘,或在命令行输入 DDI 并按 Enter 键,选择需要标注直径尺寸的圆或圆弧,便可以进行直径标注。直径标注前有 ϕ 前缀,如图 4-15 所示。

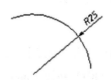

图 4-14　半径标注

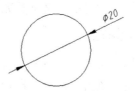

图 4-15　直径标注

4.3.3　角度标注和弧长标注

1．角度标注

角度标注有两种情况，即两条直线的夹角和圆弧包含的角度。单击"角度"标注按钮 ，或在命令行输入 DAN 并按 Enter 键，便可以进行角度标注。标注角度时，若选择两条相交直线，则标注两条直线的夹角，如图 4-16 所示；若选择圆或圆弧，则标注圆或圆弧包含的角度，如图 4-17 所示。

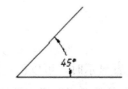

图 4-16　两直线的夹角

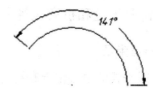

图 4-17　圆弧的角度

2．弧长标注

弧长标注用于标注圆弧或多段线中圆弧段的弧长。单击"弧长"标注按钮 ，或在命令行输入 DAR 并按 Enter 键，便可以进行弧长标注。可以标注整段圆弧的弧长，如图 4-18 所示；也可以利用标注选项标注圆弧中部分弧段的弧长，如图 4-19 所示。

图 4-18　标注弧长

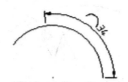

图 4-19　标注部分弧长

4.3.4　基线标注和连续标注

1．基线标注

使用基线标注可以创建一系列由相同的标注原点测量出来的标注。单击"基线"标注按钮 ，或在命令行输入 DBA 并按 Enter 键，便可以进行基线标注。基线标注结果如图 4-20 所示。

全国高职高专『十三五』贯穿式＋立体化创新规划教材

在基线标注之前，必须首先创建线性或角度标注作为基准标注。

2．连续标注

连续标注可以创建一系列端对端放置的标注，每个标注都从前一个标注的第二个尺寸界线处开始。单击"连续"标注按钮 ⊢⊣⊣ ，或在命令行输入 DCO 并按 Enter 键，便可以进行连续标注。连续标注结果如图 4-21 所示。

在连续标注之前，必须首先创建线性或角度标注作为基准标注。

图 4-20　基线标注　　　　　　　　　　　　　图 4-21　连续标注

4.3.5　折弯半径和折弯线性

1．折弯半径

当圆或圆弧的中心位于布局之外并且无法在其实际位置显示时，可以创建折弯半径标注。可以在任意合适的位置单击代替圆或圆弧的圆心。单击"折弯"标注按钮 ⟋ ，或在命令行输入 DJO 并按 Enter 键，便可以创建折弯标注，如图 4-22 所示。

2．折弯线性

折弯线性指在线性或对齐标注上添加折弯线，标注中对象的标注值表示实际距离而不是图形中测量的距离。单击"折弯线性"按钮 ⋀⋁ ，选择要折弯的标注，指定要折弯的位置，便可以进行折弯线性标注。折弯线性的标注结果如图 4-23 所示。

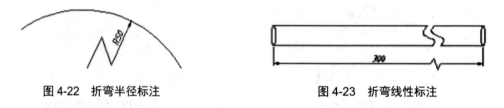

图 4-22　折弯半径标注　　　　　　　　　　图 4-23　折弯线性标注

4.3.6　尺寸公差标注

尺寸公差是指零件在制造过程中，由于加工或测量等因素的影响，完工后的实际尺寸存在的误差。在基本尺寸相同的情况下，尺寸公差越小，则尺寸精度越高。

选中图形的基本尺寸，单击工具栏中的"特性"按钮 ▣ ，或按 Ctrl+1 组合键，弹出"特性"工具选项板，如图 4-24 所示，在选项板中便可进行公差设置。图 4-25 所示为尺寸公差标注。

图 4-24　"特性"工具选项板

图 4-25　尺寸公差标注

4.3.7　形位公差标注

形位公差是指在制造零件过程中，形状或位置相对于理想要素的最大允许误差，以指定实现正确功能所要求的精确度。

单击"公差"按钮 ，或在命令行输入公差标注 TOL 并按 Enter 键，弹出"形位公差"对话框，如图 4-26 所示。

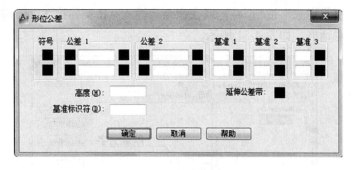

图 4-26　"形位公差"对话框

单击"符号"所在列的█框，打开"特征符号"列表，如图 4-27 所示，可以为公差选择特征符号。

单击"公差 1"所在列前的█框，将插入一个直径符号。在中间的文本框中可以输入公差值。单击该列后的█框，将打开"附加符号"列表，如图 4-28 所示，可以为公差选择包容条件符号。

另外，还可以进行高度、延伸公差带和基准标识符的标注。图 4-29 所示为形位公差标注。

图 4-27　"特征符号"列表

图 4-28 "附加符号"列表

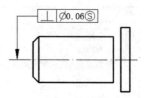

图 4-29 形位公差标注

4.3.8 多重引线标注

多重引线一般由带箭头或不带箭头的直线或样条曲线(统称引线)、短水平线(又称基线),以及处于引线末端的文字或块组成,常用于标注图形的倒角尺寸、形位公差以及装配图中各组件的序号等。

与尺寸标注相似,多重引线标注中的字体和线型都是由多重引线样式所决定的。因此,标注引线前,首先应设置多重引线的样式,即指定引线、箭头和注释内容的样式等。

1. 设置多重引线样式

右击任一工具按钮,从弹出的快捷菜单中选择"多重引线"命令,使"多重引线"工具栏显示在窗口中,如图 4-30 所示。

图 4-30 "多重引线"工具栏

单击"多重引线样式"按钮 ,或在命令行输入 MLS 并按 Enter 键,打开"多重引线样式管理器"对话框,如图 4-31 所示。

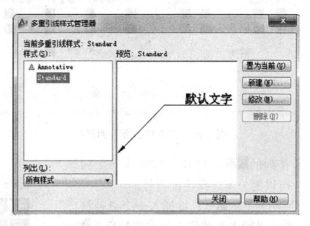

图 4-31 "多重引线样式管理器"对话框

单击"新建"按钮,打开"创建新多重引线样式"对话框,在"新样式名"中输入新建多重引线的样式名,单击"确定"按钮,打开"修改多重引线样式:副本 Standard"对话框,如图 4-32 所示。

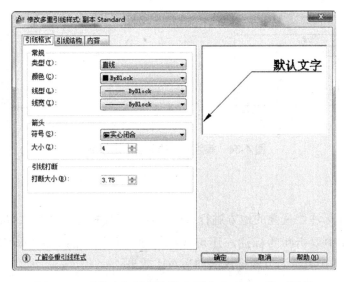

图 4-32 "修改多重引线样式:副本 Standard"对话框

在"引线格式"选项卡中设置引线的类型、颜色、线型、线宽以及引线箭头的形状和大小等。

在"引线结构"选项卡中设置引线的最大点数、每一段的倾斜角度、是否包含基线和基础的距离以及多重引线的缩放比例等。

在"内容"选项卡中设置引线标注的类型(多行文字或块)及其属性以及引线连接的特性,包括水平连接或垂直连接、连接位置及基线间隙等。

2. 标注多重引线

多重引线格式设置完成后,单击"多重引线"按钮 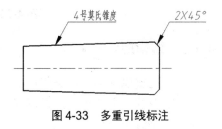 ,或在命令行输入 MLEA 并按 Enter 键,便可以进行标注多重引线的操作了。图 4-33 所示为多重引线标注。

图 4-33 多重引线标注

4.4 编辑标注对象

在 AutoCAD 中,可以对已标注对象的文字、位置及样式等内容进行修改,而不必删除所标注的尺寸再重新进行标注。

4.4.1 等距标注

等距标注指调整线性标注或角度标注之间的距离,使平行尺寸线之间的间距相等。单击"等距标注"按钮 ,然后在图形中选择要产生间距的标注,还可以输入标注线之间的间距值。图 4-34(a)、图 4-34(b)所示图形中显示等距标注的前后对比效果。

全国高职高专「十三五」贯穿式＋立体化创新规划教材

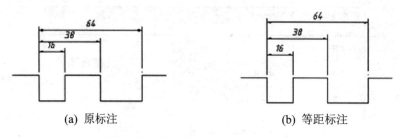

(a) 原标注　　　　　　　　　　(b) 等距标注

图 4-34　等距标注的前后对比效果

4.4.2　折断标注

折断标注指在标注线重叠的地方进行打断，这样可使标注更清晰。单击"折断标注"按钮 ，选择图中要折断的标注，还可选择对要打断标注的对象自动还是手动折断。图 4-35(a)、图 4-35(b)所示为折断标注的前后对比效果。

(a) 原标注　　　　　　　　　　(b) 折断标注

图 4-35　折断标注的前后对比效果

4.4.3　编辑标注

利用"编辑标注"命令可以倾斜尺寸界线、旋转尺寸文本，或者修改尺寸文本的内容等。该命令的一大特点是可以同时对多个尺寸标注对象进行编辑，如可以同时为多个尺寸标注添加前缀 ϕ。

单击"编辑标注"按钮 ，输入标注编辑类型(默认/新建/旋转/倾斜)，并根据命令行提示编辑标注。图 4-36 所示为选择旋转和倾斜选项的标注结果。

(a) 原标注　　　　　　(b) 旋转标注　　　　　　(c) 倾斜标注

图 4-36　编辑标注

【练习 4-1】绘制图 4-37 所示轴类零件图形并标注尺寸。

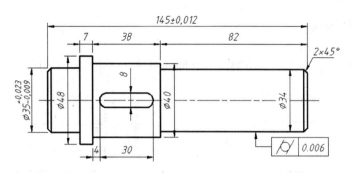

图 4-37 绘制图形并标注尺寸

任务一 设置绘图环境

(1) 启用状态栏中的"极轴追踪""对象捕捉"和"对象捕捉追踪"功能，并设置"对象捕捉模式"为"端点""交点"和"圆心"。

(2) 新建 3 个图层：一个是"中心线"图层，颜色为红色，线型加载为 ACAD_ISO04W100；一个是"轮廓线"图层，线宽为 0.3mm；一个是"标注"图层，颜色为青色。

(3) 选择菜单命令"格式"→"线型"，打开"线型管理器"对话框，设置"全局比例因子"为 0.5。

微课 4-1-1

任务二 绘制中心线

(1) 选择"中心线"图层为当前图层。

(2) 执行"直线"命令，绘制一条长 160 左右的水平直线作为中心线。

任务三 绘制对称图形的上半部分图形

(1) 选择"轮廓线"图层为当前图层。

(2) 选择"直线"命令，捕捉到中心线左侧端点后向右追踪一小段距离后单击，开始绘制对称图形的上半部分。

(3) 向上追踪 17.5(即 35/2)，向右追踪 18(即 145-7-38-82)，向上追踪 6.5[即(48-35)/2]，向右追踪 7，向下追踪 4，向右追踪 38，向下追踪 3，向右追踪 82，向下追踪到与中心线相交后单击，结果如图 4-38 所示。

任务四 镜像图形

(1) 执行"镜像"命令。

(2) 以中心线为镜像线，镜像图形，结果如图 4-39 所示。

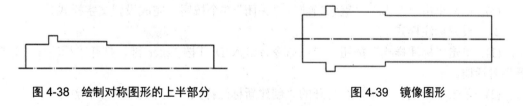

图 4-38 绘制对称图形的上半部分　　　　图 4-39 镜像图形

任务五 倒角

(1) 执行"倒角"命令。

(2) 依次对图中 4 个位置进行倒角，各边的倒角距离均为 2，结果如图 4-40 所示。

全国高职高专「十三五」贯穿式+立体化创新规划教材

任务六 连接竖线

(1) 执行"直线"命令。

(2) 依次连接对称图形上、下对应点之间的竖线，结果如图 4-41 所示。

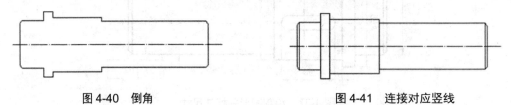

图 4-40 倒角   图 4-41 连接对应竖线

任务七 绘制键槽

(1) 执行"圆"命令，以捕捉到中心线与第四条竖线的交点并向右追踪 8 后的位置为圆心，绘制直径为 8 的圆。

(2) 执行"复制"命令，将圆复制到向右追踪 22 的位置。

(3) 执行"直线"命令，在两个圆的上下方分别绘制两条与两圆相切的切线。

(4) 执行"修剪"命令，修剪图形，绘制的键槽如图 4-42 所示。

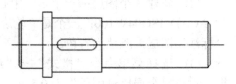

图 4-42 绘制键槽

任务八 标注尺寸

标注尺寸前，首先应设置标注尺寸所用的文字样式，然后设置标注样式，最后再进行尺寸标注。

1) 设置文字样式

(1) 选择"标注"图层为当前图层。

(2) 执行菜单命令"格式"→"文字样式"，或在命令行输入 ST 并按 Enter 键，打开"文字样式"对话框。

(3) 单击"新建"按钮，在打开的"新建文字样式"对话框中输入新样式名称"标注文字"，单击"确定"按钮，打开"文字样式"对话框。

微课 4-1-2

(4) 在打开的"文字样式"对话框中单击"SHX 字体"下方的下拉按钮，从下拉列表框中选择 gbeitc.shx 字体。选中"使用大字体"复选框后，从"大字体"下方的下拉列表框中选择 gbcbig.shx 字体，其他参数均保持默认值，如图 4-43 所示。

(5) 依次单击"应用""置为当前""关闭"3 个按钮，完成设置文字样式。

2) 设置标注样式

(1) 单击"标注样式"按钮，或在命令行输入 D 并按 Enter 键，打开"标注样式管理器"对话框。

(2) 单击"新建"按钮，在打开的"创建新标注样式"文本框输入"标注 5"。

(3) 单击"继续"按钮，打开"新建标注样式:标注 5"对话框，选择对话框中的"文字"选项卡，如图 4-44 所示。

(4) 在"文字"选项卡对话框中单击"文字样式"下拉按钮，从下拉列表中选择"标注文字"选项，设置"文字高度"为 5，"从尺寸线偏移"为 2。

图 4-43 "文字样式"对话框

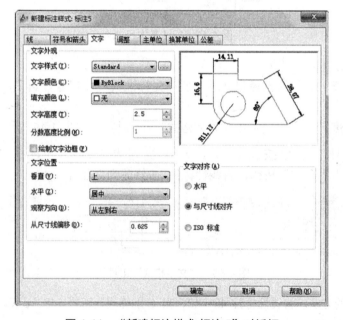

图 4-44 "新建标注样式:标注 5"对话框

(5) 切换到"符号和箭头"选项卡，设置"箭头大小"为 2.5。

(6) 切换到"线"选项卡，设置"超出尺寸线"和"起点偏移量"均为 2。

(7) 单击"确定"按钮，返回上一级菜单，依次单击"置为当前""关闭"按钮。

3) 标注基本尺寸

尺寸标注应遵循"小尺寸在内、大尺寸在外、间隔均匀"的原则。

(1) 单击"线性"按钮 ⊢┐，或在命令行输入 DLI 并按 Enter 键。

(2) 命令行提示为"指定第一个尺寸界线原点或<选择对象>："时，单击长度为 7 的水平直线的左端点。

(3) 命令行提示为"指定第二个尺寸界线原点："时，单击长度为 7 的水平直线的右端点。

(4) 命令行提示为"指定尺寸位置或[多行文字(M)/文字(T)/角度(A)/水平(H)/垂直(H)/旋转(R)]："时，移动光标到合适位置单击。

(5) 单击"连续"按钮 ，或在命令行输入 DCO 并按 Enter 键。

(6) 在命令行提示为"指定第二条尺寸界线原点或[放弃(U)/选择(S)]"下，依次单击需要标注尺寸的位置。

(7) 用同样的方法标注图形中的其他尺寸，结果如图 4-45 所示。

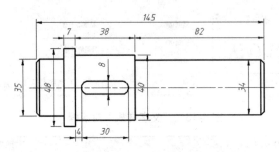

图 4-45　标注基本尺寸

4)　添加直径符号

以线性尺寸表示截面的直径尺寸时一般应先标注其线性尺寸，再为其添加直径符号。

(1) 双击长度尺寸 35，弹出"文字格式"工具栏，如图 4-46 所示，单击"符号"下拉按钮 ，从下拉列表中选择"直径(I)　%%c"，单击"确定"按钮，将线性标注 35 修改为直径标注 ϕ35。

微课 4-1-3

图 4-46　"文字格式"工具栏

(2) 用同样的方法，将线性标注 48、40、34 分别修改为直径 ϕ48、ϕ40、ϕ34，如图 4-47 所示。

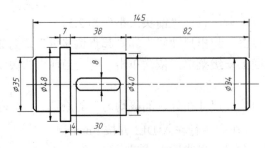

图 4-47　标注直径符号 ϕ

5)　标注尺寸公差

(1) 选中图形的长度尺寸 145，单击工具栏中的"特性"按钮 ，

微课 4-1-4

或按 Ctrl+1 组合键，弹出"特性"工具选项板。

(2) 在选项板中向下拖动滚动条，显示出"公差"选项内容。

(3) 单击"显示公差"右侧下拉按钮，在下拉列表中选择"对称"选项；单击"公差精度"右侧下拉按钮，在下拉列表中选择公差精度 0.000；在"公差上偏差"右侧的文本框中输入对称公差值 0.012，如图 4-48 所示，标注效果如图 4-49 所示。

图 4-48　"特性"工具选项板

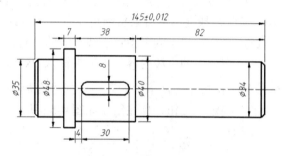

图 4-49　标注对称公差

(4) 选中图形的标注尺寸 $\phi35$，单击工具栏中的"特性"按钮 ，或按 Ctrl+1 组合键，弹出"特性"工具选项板。

(5) 在选项板中向下拖动滚动条，显示出"公差"选项内容。

(6) 单击"显示公差"右侧下拉按钮，在下拉列表中选择"极限偏差"选项；单击"公差精度"右侧下拉按钮，在下拉列表中选择公差精度 0.000；设置"公差下偏差"为 0.009，"公差上偏差"为 0.023；在"公差文字高度"右侧文本框中输入公差文字的高度为 0.7，如图 4-50 所示，标注效果如图 4-51 所示。

图 4-50　"特性"工具选项板

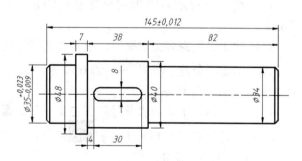

图 4-51　标注极限偏差

6) 标注倒角

(1) 单击"多重引线样式"按钮，或在命令行输入 MLS 并按 Enter 键，打开"多重引线样式管理器"对话框。

(2) 单击"修改"按钮，打开"修改多线样式"对话框。在"内容"选项卡中单击"文字样式"下拉按钮，在打开的下拉列表中选择"标注文字"，输入"文字高度"为 5，"引线连接"方式为"水平连接"，并设置"连接位置－左"为"最后一行加下划线"和"连接位置－右"为"最后一行加下划线"，单击"确定"按钮。

微课 4-1-5

(3) 单击"多重引线"按钮，或在命令行输入 MLEA 并按 Enter 键。

(4) 命令行提示为"指定引线箭头的位置或[引线基线优先(L)/内容优先(C)/选项(O)]："时，捕捉图形右上角倒角线中点单击。

(5) 命令行提示为"指定引线基线的位置："时，选择合适位置单击。

(6) 在弹出的引线内容文本框中输入 2x45，在同时弹出的"文字样式"工具栏中单击 @▼ 的下拉按钮，从下拉列表中选择"度数(D) %%d"选项后，单击"文字格式"工具栏中的"确定"按钮，标注结果如图 4-52 所示。

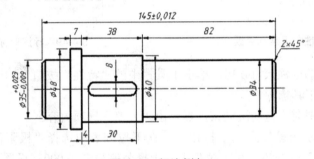

图 4-52 标注倒角

7) 标注形位公差

(1) 单击"多重引线"按钮，或在命令行输入 MLEA 并按 Enter 键。

(2) 命令行提示为"指定引线箭头的位置或[引线基线优先(L)/内容优先(C)/选项(O)]："时，在图中右下方水平直线合适位置单击。

(3) 命令行提示为"指定引线基线的位置："时，选择合适位置单击。

微课 4-1-6

(4) 弹出引线内容文本框后，单击"文字样式"工具栏中的"确定"按钮结束输入。

(5) 单击"公差"按钮，或在命令行输入 TOL 并按 Enter 键，打开"形位公差"对话框，如图 4-53 所示。

(6) 在对话框中单击"符号"下方第一行的■框，弹出"特征符号"列表，如图 4-54 所示。在"特征符号"列表中选择 符号；在"公差 1"下方第一行的文本框中输入公差值 0.006，单击"确定"按钮。

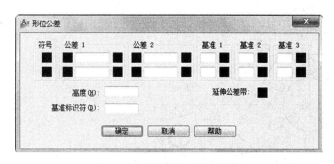

图 4-53　"形位公差"对话框

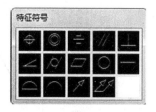

图 4-54　"特征符号"列表

命令行提示为"输入公差位置："时，捕捉引线基线右端点后单击，标注效果如图 4-55 所示。

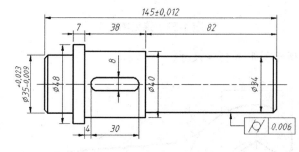

图 4-55　标注形位公差

8)　打断中心线

(1)　执行"打断"命令。

(2)　依次打断水平对称中心线标注处的 $\phi 48$、$\phi 40$、$\phi 34$ 这 3 个尺寸标注处的中心线，效果如图 4-56 所示。

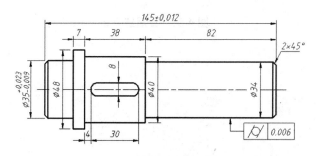

图 4-56　打断中心线

课 后 练 习

1. 绘制图 4-57 所示图形并标注尺寸。

全国高职高专「十三五」贯穿式＋立体化创新规划教材

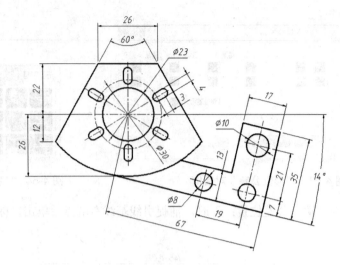

图 4-57　课后练习 1

2. 绘制图 4-58 所示图形并标注尺寸。

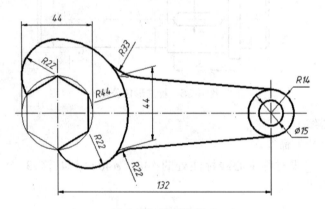

图 4-58　课后练习 2

第5章　图块和设计中心

图块是由一个或多个图形对象组成的对象集合，常用于绘制复杂、重复的图形，如机械图中的螺栓、螺钉，建筑图中的门和窗，地形图中的各种地物符号等。AutoCAD 的"图块"功能可将它们组成一个整体，这样下次使用时只需根据要求调整图块的比例大小和旋转角度后直接将其插入图形中即可，提高了绘图效率。

用户还可以通过 AutoCAD 设计中心，浏览、查找、使用和管理 AutoCAD 图形不同资源，而且只需要拖动鼠标，就能轻松地将一张图纸中的图层、图块、文字样式、标注样式、线框、布局及图形等复制到当前图形文件中。

5.1　创建和使用块

在 AutoCAD 中创建图块具有以下作用。

(1) 提高绘图效率。把在绘制工程图过程中需要经常使用的图形结构定义成图块并保存在磁盘中，这样就建立起了图形库。在绘制工程图时可以直接将需要的图块从图形库中调出使用，避免了大量的重复性工作，从而提高了绘图效率。

(2) 节省磁盘存储空间。每个图块在图形文件中只存储一次，在多次插入时，计算机只保留有关的插入信息(图块名、插入点、缩放比例、旋转角度等)，而不会对整个图块的内容重复存储，减小图形文件大小，从而节省了磁盘的存储空间。

(3) 便于快速修改图形。一张工程图纸往往需要多次修改才能定稿，当某个图块的内容被修改之后，原先所有被插入图形中的该图块都将随之自动更新，而不必对每一处单独修改，这样就使图形的修改变得更加方便。

(4) 可以为图块增加属性。有时需要为图块增添一些文字信息，这些图块中的文字信息称为图块的属性。AutoCAD 中不仅允许为图块增添属性，而且还允许设置可变的属性值，这样在每次插入图块时不仅可以对属性值进行修改，而且还可以从图中提取这些属性并将它们传递到数据库中。

创建图块有两种方法：一种是创建内部块；另一种是创建外部块。两者之间的主要区别是：内部块只能插入当前图形文件中，而外部块不仅可以插入当前图形文件中，也可以被插入其他任何图形文件中。

5.1.1　创建内部块

内部块是指只能插入当前图形文件中，而不能被其他文件调用的图块。创建内部块又称为"定义块"。

单击"创建块"按钮 🔧，或在命令行中输入 B 并按 Enter 键，打开"块定义"对话框，可以将已绘制的图形创建为块，如图 5-1 所示。

"块定义"对话框中主要选项的功能说明如下。

(1) "名称"下拉列表框。用于输入图块的名称。单击其下拉按钮，也可以查看已有图块的名称列表。

(2) "基点"选项组。用于设置插入块时的基点位置。用户可以直接在 X、Y、Z 文本框中输入基点坐标，也可以单击"拾取点"按钮 ，切换到绘图窗口并选择基点。

图 5-1 "块定义"对话框

(3) "对象"选项组。用于选择组成块的对象。单击"选择对象"按钮 ，可切换到绘图窗口，选择组成块的各对象；单击"快速选择"按钮 ，可以使用弹出的"快速选择"对话框设置所选择对象的过滤条件。选中"保留"单选按钮，创建块后仍在绘图窗口中保留组成块的各对象；选中"转换为块"单选按钮，创建块后将组成块的各对象保留并将它们转换成块；选中"删除"单选按钮，创建块后删除绘图窗口中组成块的原对象。

(4) "方式"选项组。用于设置组成块的对象的显示方式。选中"按统一比例缩放"复选框，用于指定是否阻止被插入图形中的图块不按统一比例进行缩放；选中"允许分解"复选框，设置被插入图形中的块是否允许被分解。

对话框中内容设置完成后，单击"确定"按钮，以"名称"中命名的内部块即被创建。

5.1.2 创建外部块

外部块是指既能在创建图块的文件中使用该图块，也能在其他文件中调用该图块。创建外部块又称为"写块"。

使用"创建块"命令创建的图块称为内部块，只能被当前图形使用；当定义的块需要被其他图形文件引用时，就必须使用"写块"命令创建图块，将定义的图块以文件的形式存储到磁盘上。

在命令行输入 W 并按 Enter 键，打开"写块"对话框，如图 5-2 所示。

"写块"对话框中主要选项的功能说明如下。

(1) "源"选项组。通过"块""整个图形""对象"3 个单选按钮确定图块的来源。"块"单选按钮用于将使用"写块"命令创建的块写入磁盘;"整个图形"单选按钮用于将全部图形写入磁盘;"对象"单选按钮用于指定需要写入磁盘的块对象。

(2) "基点"选项组。用于设置插入块时的基点位置。用户可以直接在 X、Y、Z 文本框中输入基点坐标,也可以单击"拾取点"按钮，切换到绘图窗口并选择基点。

图 5-2　"写块"对话框

(3) "对象"选项组。用于选择组成块的对象。单击"选择对象"按钮，可切换到绘图窗口,选择组成块的各对象;单击"快速选择"按钮，可以使用弹出的"快速选择"对话框设置所选择对象的过滤条件。

(4) "文件名和路径"下拉列表框。用于指定块的保存名称和位置。

(5) "插入单位"下拉列表框。用于设置插入块的单位。

对话框中内容设置完成,单击"确定"按钮,以"文件名和路径"下拉列表框中命名的外部块即被创建。

5.1.3　插入块

创建图块后,可使用"插入块"命令在当前图形或其他图形中插入该图块。无论插入的图块多么复杂,AutoCAD 都将它们看成一个单独的对象。如果需要对插入的图块进行编辑,就必须先对其进行分解。

单击"插入块"按钮，或在命令行中输入 I 并按 Enter 键,打开"插入"对话框,如图 5-3 所示。使用该对话框,可以在图形中插入块或其他图形,在插入时还可以设置所插入图块的比例与旋转角度。

"插入"对话框中主要选项的功能说明如下。

(1) "名称"下拉列表框。可以从此下拉列表框中选择需要插入的图块的名称，也可以单击其后的"浏览"按钮，打开"选择图形文件"对话框，从中选择需要插入的图块名称。

(2) "插入点"选项组。用于设置图块的插入点位置。可以选中"在屏幕上指定"复选框，在屏幕上指定插入点的位置；也可在 X、Y、Z 文本框中输入插入点的坐标。

(3) "比例"选项组。用于设置插入图块的缩放比例。

(4) "旋转"选项组。用于设置插入图块的旋转角度。

(5) "块单位"选项组。用于显示插入图块的单位和比例。

(6) "分解"复选框。用于设置插入的块是否可以分解为组成块的各基本对象。

图 5-3　"插入"对话框

【练习 5-1】给第 2 章中"练习 2-26"绘制的墙体安装门窗，如图 5-4 所示。

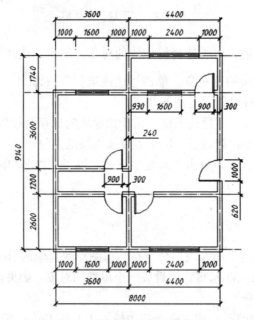

图 5-4　给绘制的墙体安装门窗

说明：

(1) 除进屋大门的宽度为 1000mm 外，所有房间门的宽度均为 900mm。

(2) 除进屋大门距门后轴线距离为 620mm 外，所有房间的门距门后轴线距离均为 300mm。

任务一　确定门窗洞口位置

利用偏移的轴线修剪墙线来确定门窗洞口位置。

(1) 执行"偏移"命令，按图 5-5 所示尺寸偏移出修剪线。

(2) 执行"修剪"命令，对墙体进行修剪，修剪出图 5-6 所示的窗洞。

(3) 按 Delete 键，删除偏移线。

微课 5-1-1

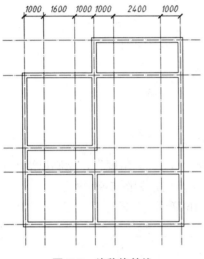

图 5-5　偏移修剪线

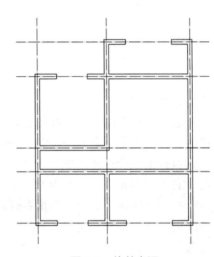

图 5-6　修剪窗洞

(4) 执行"偏移"命令，按图 5-7 所示尺寸偏移出修剪线。

(5) 执行"修剪"命令，对墙体进行修剪，修剪出图 5-8 所示的全部门窗洞口。

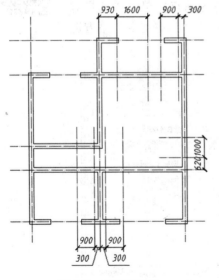

图 5-7　偏移修剪线

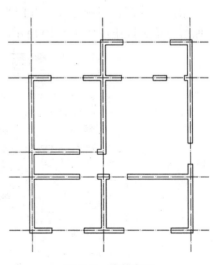

图 5-8　修剪窗洞

全国高职高专"十三五"贯穿式+立体化创新规划教材

(6) 按 Delete 键，删除全部偏移线。

任务二　绘制门

微课 5-1-2

门窗洞口的位置和大小确定后，接下来就该绘制门与窗了。

设置入户大门的宽度为 1000mm，各房间门的宽度为 900mm，厚度均为 45mm，门的平面图如图 5-9 所示。

(a) 左开门　　　　　　　　　(b) 右开门

图 5-9　门平面图

绘制过程如下。

(1) 选择"门"图层为当前图层。

(2) 执行"矩形"命令，绘制长 45、宽 900 的矩形。

(3) 执行菜单命令"绘图"→"圆弧"→"圆心、起点、角度"，绘制以矩形右下角为圆心、右上角为起点、角度为 90°的圆弧，此为左开门，如图 5-9(a)所示。

(4) 执行"镜像"命令，镜像右开门，如图 5-9(b)所示。

(5) 用同样的方法，绘制入户大门。

任务三　创建门块

微课 5-1-3

(1) 单击"创建块"按钮，或在命令行中输入 B 并按 Enter 键，打开"块定义"对话框。

(2) 在"名称"下拉列表框中输入块的名称"左开门"；单击"拾取点"按钮，在绘图窗口中选择门平面图右下角点为基点；单击"选择对象"按钮，在绘图窗口中选择左开门平面图为块；在"选择对象"下方选中"保留"单选按钮，如图 5-10 所示。

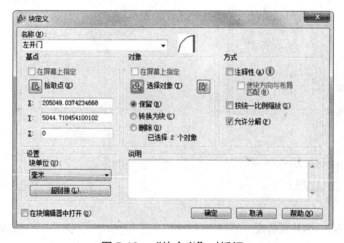

图 5-10　"块定义"对话框

(3) 用同样的方法，定义右开门和入户大门图块。

任务四 插入门块

(1) 单击"插入块"按钮 ，或在命令行中输入 I 并按 Enter 键，打开"插入"对话框。

(2) 单击"名称"下拉按钮，从打开的下拉列表中选择"左开门"选项；选中"插入点"下方的"在屏幕上指定"复选框，如图 5-11 所示，单击"确定"按钮。

图 5-11 "插入"对话框

(3) 将左开门插入墙体图中相应的门洞上。

(4) 重复"插入块"命令，在对话框中选择合适的块"名称"和"旋转"角度，将其插入图中相应的门洞位置，结果如图 5-12 所示。

(5) 用同样的方法，插入入户大门图块，结果如图 5-13 所示。

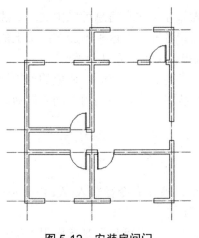

图 5-12 安装房间门

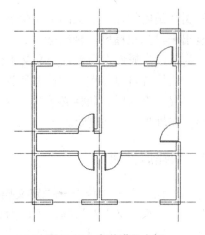

图 5-13 安装进屋大门

任务五 绘制窗户

(1) 选择"窗户"图层为当前图层。

(2) 选择"格式"→"多线样式"菜单命令，或在命令行输入 MLST 并按 Enter 键，打开"多线样式"对话框。

(3) 单击对话框中的"新建"按钮，打开"创建新的多线样式"对话框，输入新样式名为 C。

微课 5-1-4

全国高职高专 "十三五" 贯穿式+立体化创新规划教材

（4）单击"继续"按钮，在打开的"新建多线样式"对话框中，选择"起点"和"端点"的"封口"方式均为"直线"，将"图元"选项框中偏移量 0.5 改为 120，-0.5 改为 -120，单击"添加"按钮，增加两个图元，将其偏移距离分别修改为 40 和-40。

（5）执行"多线"命令，或在命令行输入 ML 并按 Enter 键，捕捉相应的多线封口线和轴线交点，完成窗户的绘制，结果如图 5-14 所示。

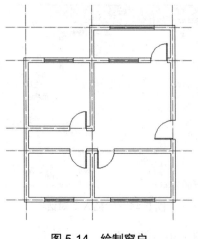

图 5-14　绘制窗户

5.2　创建和使用属性块

块属性是附加在图块上的文字信息，是块的组成部分。文本信息可以由文本标注的方法表现出来，如粗糙度、轴线标号、日期、材料、设计者等。将这种附加在图形上的文字信息称为属性。属性常用来预定义文本位置、内容或提供文本的默认值等。

利用块属性可以将图形的这些属性附加到块上，成为块的一部分，使块的使用更加灵活。在定义一个块时，属性必须先定义后使用。属性从属于块，当利用"删除"命令删除块以后，属性也随之被删除。

5.2.1　创建属性块

选择"绘图"→"块"→"定义属性"菜单命令，或在命令行输入 ATT 并按 Enter 键，打开"属性定义"对话框，可以为块定义属性，如图 5-15 所示。

（1）"模式"选项组。用于设置属性的模式。其中，"不可见"复选框用于确定插入块后是否显示其属性值；"固定"复选框用于设置属性是否为固定值，为固定值时插入块后该属性值不再发生变化；"验证"复选框用于验证所输入的属性值是否正确；"预设"复选框用于确定是否将属性值直接预置成它的默认值；"锁定位置"复选框用于固定插入块的坐标位置；"多行"复选框用于使用多段文字来标注块的属性值。

（2）"属性"选项组。用于定义块的属性。其中，"标记"文本框用于输入属性的标记；"提示"文本框用于确定插入块时系统显示的提示信息；"默认"文本框用于输入属性的默认值，一般把最常出现的数值作为默认值。

(3) "插入点"选项组。用于设置属性值的插入点，即属性文字的插入位置。用户可以直接在 X、Y、Z 文本框中输入点的坐标，也可以单击"拾取点"按钮，在绘图窗口拾取一点作为插入点。

图 5-15 "属性定义"对话框

(4) "文字设置"选项组。用于设置属性文字的格式，包括对正、文字样式、文字高度及旋转角度等选项。

(5) "在上一个属性定义下对齐"复选框。选中该复选框，可以为当前属性采用上一个属性的文字样式、文字高度及旋转角度，且另起一行，按上一个属性的对正方式排列。

5.2.2 插入属性块

在创建带有属性的块时，需要同时选择块属性作为块的成员对象。带有属性的块创建完成后，就可以在图形中插入该属性块。

插入属性块的方法和插入普通块的方法相同，都是单击"插入块"按钮，或在命令行中输入 I 并按 Enter 键，打开"插入"对话框，在对话框中进行相应的设置后进行插入，只是在插入结束时命令行会提示输入每个属性块的属性值，以便把在创建属性块时输入的属性默认值改为每个属性应有的属性值。

5.2.3 编辑块属性

在图形中插入属性块后，还可根据需要对块属性进行编辑。

执行菜单命令"修改"→"对象"→"属性"→"单个"，命令行提示为"选择块："时单击需要编辑属性的块，或直接双击需要编辑属性的块，打开"增强属性编辑器"对话框，如图 5-16 所示。

(1) "属性"选项卡。显示了块中每个属性的"标记""提示"和"值"。在列表框中选择某一属性后，在下方"值"文本框中将显示出该属性对应的属性值，并可以修改该属性值。

(2) "文字选项"选项卡。用于修改属性文字的格式，如图 5-17 所示。在其中可以设

全国高职高专「十三五」贯穿式＋立体化创新规划教材

置文字样式、对齐方式、高度、宽度因子、旋转角度、倾斜角度等内容。

(3)　"特性"选项卡。用于修改属性文字的图层以及其线宽、线型、颜色及打印样式等，如图 5-18 所示。

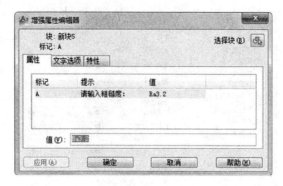

图 5-16　"增强属性编辑器"对话框

图 5-17　"文字选项"选项卡

图 5-18　"特性"选项卡

【练习 5-2】绘制图 5-19 所示图形，将粗糙度定义成块并插入图形中。

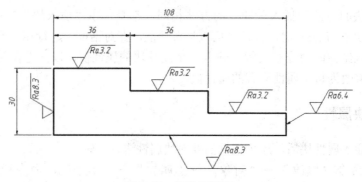

图 5-19　标注粗糙度

任务一　设置绘图环境

(1)　启用状态栏中的"极轴追踪""对象捕捉"和"对象捕捉追踪"功能，并设置"对象捕捉模式"为"端点"和"交点"。

(2)　设置"极轴追踪"的"增量角"为 30°。

微课 5-2-1

(3) 新建 3 个图层：一个是"轮廓线"图层，线宽为 0.3mm；一个是"粗糙度"图层，保持默认值；一个是"标注"图层，颜色为青色。

任务二 设置文字样式

(1) 选择"粗糙度"图层为当前图层。

(2) 执行菜单命令"格式"→"文字样式"，或在命令行输入 ST 并按 Enter 键，打开"文字样式"对话框，新建文字样式"标注文字"，并设置"SHX 字体"为 gbeitc.shx，"大字体"为 gbcbig.shx。

任务三 绘制图形

(1) 选择"轮廓线"图层为当前图层。

(2) 执行"直线"命令，按照图中所给尺寸绘制轮廓线，结果如图 5-20 所示。

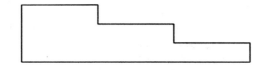

图 5-20　绘制图形

任务四 绘制表面粗糙度符号

(1) 选择"粗糙度"图层为当前图层。

(2) 执行"直线"命令，绘制一条长 20 的水平直线。

(3) 将水平直线依次向上偏移 5 和 5.5。

(4) 捕捉第二条直线左侧端点，绘制角度 300°的直线，与下方直线相交。

(5) 捕捉下方直线和斜线的交点，绘制角度为 60°的直线，与上方直线相交，如图 5-21 所示。

(6) 利用删除和修剪命令，整理出表面粗糙度符号如图 5-22 所示。

图 5-21　绘制过程

图 5-22　粗糙度符号

任务五 定义块属性

(1) 执行菜单命令"绘图"→"块"→"定义属性"，或在命令行输入 ATT 并按 Enter 键，打开"属性定义"对话框。

(2) 在"属性"选项组的"标记"文本框中输入 CCD，在"提示"文本框中输入"请输入粗糙度的值："，在"默认"文本框中输入 Ra3.2。

微课 5-2-2

(3) 在"插入点"选项组中选中"在屏幕上指定"复选框。

(4) 在"文字设置"选项组的"对正"下拉列表框中选择"中间"，在"文字样式"下拉列表框中选择"标注文字"，在"文字高度"文本框中输入 3.5，其他选项采用默认值，如图 5-23 所示。

全国高职高专"十三五"贯穿式+立体化创新规划教材

(5) 单击"确定"按钮，在绘图窗口中捕捉粗糙度水平线中点，再利用"移动"命令将其向下移动到合适位置，完成属性块的定义。定义的粗糙度属性块如图 5-24 所示。

图 5-23　"属性定义"对话框

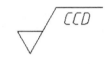

图 5-24　粗糙度属性块

任务六　写块

(1) 在命令行输入写块命令 W 并按 Enter 键，打开"写块"对话框。

(2) 在"基点"选项组中单击"拾取点"按钮，然后在绘图窗口中单击粗糙度左下角三角形的下方顶点。

(3) 在"对象"选项组中单击"选择对象"按钮，然后在绘图窗口中选择粗糙度属性块；选中"保留"单选按钮。

(4) 在"目标"选项组的"文件名和路径"下拉列表框中输入属性块的保存位置和属性块的名称，如图 5-25 所示。

图 5-25　"写块"对话框

(5) 单击"确定"按钮。

任务七　插入属性块

(1) 单击"插入块"按钮，或在命令行输入 I 并按 Enter 键，打开"插入"对话框。

(2) 单击"浏览"按钮，选择创建的属性块"粗糙度"并打开。

(3) 在"插入点"选项组中选中"在屏幕上指定"复选框，如图 5-26 所示。

微课 5-2-3

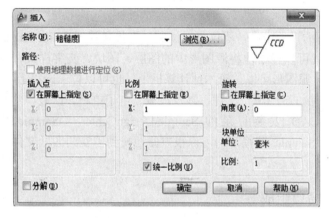

图 5-26　"插入"对话框

(4) 单击"确定"按钮。

(5) 命令行提示为"指定插入点或[基点(B)/比例(S)/旋转(R)]:"时，鼠标指针捕捉第一级台阶水平表面的中点稍向左的位置后单击。

(6) 命令行提示为"请输入粗糙度的值：<Ra3.2>:"时，按 Enter 键。

(7) 用同样的方法，插入第二级和第三级台阶水平表面的粗糙度。

(8) 执行"插入块"命令，在打开的"插入"对话框中设置"旋转"角度为 90°，其他设置保持不变，单击"确定"按钮。

(9) 命令行提示为"指定插入点或[基点(B)/比例(S)/旋转(R)]:"时，鼠标指针捕捉到左侧竖线中点稍向下位置后单击。

(10) 命令行提示为"请输入粗糙度的值：<Ra3.2>:"时，输入新的粗糙度值 Ra8.3，按 Enter 键，结果如图 5-27 所示。

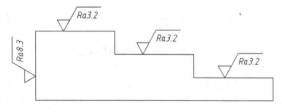

图 5-27　标注粗糙度

(11) 执行"多重引线"命令，以图形右侧竖线表面中点为起点，绘制一条多重引线。

(12) 执行"插入块"命令，保持"插入"对话框设置不变，单击"确定"按钮。

(13) 命令行提示为"指定插入点或[基点(B)/比例(S)/旋转(R)]:"时，将鼠标指针移动到

全国高职高专「十三五」贯穿式＋立体化创新规划教材

多重引线基线位置后单击。

(14) 命令行提示为"请输入粗糙度的值：<Ra3.2>:"时，输入新的粗糙度的值 Ra6.4，按 Enter 键。

(15) 用同样的方法，插入图形下方的粗糙度。

5.3　使用设计中心

利用 AutoCAD 的设计中心，不仅可以浏览、查找和管理 AutoCAD 的不同资源，而且只需要拖动鼠标，就可以轻松地将源图形中的图层、图块、文字样式、标注样式和图形等复制到当前图形中。源图形可以位于本地计算机上，也可以位于网络上。

AutoCAD 里自带许多"块"文件，涉及机械、电子电路、家装、建筑等领域常用的图形，它们在 AutoCAD 安装目录的\Sample\DesignCenter、\Sample\Dynamic Blocks、\Sample\Mechanical Sample 路径下，可以很方便地找到需要的图纸文件，在设计中心里可以任意调用。

5.3.1　设计中心窗口组成

单击"标准"工具栏中的"设计中心"按钮，或者按 Ctrl+2 组合键，都可以打开设计中心，如图 5-28 所示。

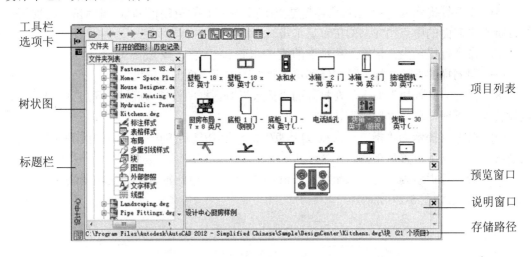

图 5-28　"设计中心"窗口

"设计中心"类似于 Windows 的资源管理器，其窗口主要由 3 部分组成，窗口顶部为工具栏，左侧是树形的文件夹列表，右侧是左侧文件夹对应的项目列表。

设计中心的工具栏控制树状图和项目列表中信息的浏览和显示。

在树状图上方，显示有"文件夹""打开的图形"及"历史记录"3 个选项卡。

在项目列表下面，显示选定图形、块、填充图案或外部参照的预览和说明。

窗口最下方显示选定项目的存储路径。

"设计中心"窗口为浮动窗口，可以通过单击"自动隐藏"按钮 ⏪，将"设计中心"窗口自动隐藏或显示。

5.3.2　使用设计中心

使用 AutoCAD 设计中心，可以方便地在当前图形中插入块，在图形之间复制块、复制图层、线型、文字样式、标注样式以及用户定义的内容等。

1. 插入块

用"设计中心"向当前图形插入块图形，可使用下列两种方法之一。

(1) 将某个项目直接拖动到绘图区域合适位置后释放鼠标，按照系统默认设置将其插入。

(2) 双击块图形，弹出"插入"对话框，利用"插入块"的方法，确定插入点、插入比例及旋转角度。

2. 在图形中复制图层、线型、文字样式、尺寸样式及布局

在绘图过程中，一般将具有相同特征的对象放在同一个图层上。利用 AutoCAD 设计中心，可以将图形文件中的图层复制到新的图形文件中，这样一方面节省了时间，另一方面也保持了不同图形文件结构的一致性。

在 AutoCAD 设计中心选项板中，选择一个或多个图层，然后将它们拖动到打开的图形文件后松开鼠标按键，即可将图层从一个图形文件复制到另一个图形文件。

用同样的方法，也可以将 AutoCAD 设计中心选项板中的线型、文字样式、尺寸样式、布局复制到新的图形中。

【练习 5-3】绘制图 5-29 所示书房平面布置图。

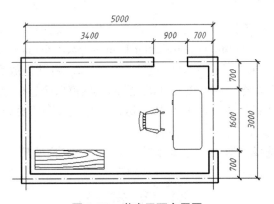

图 5-29　书房平面布置图

任务一　绘制墙线

(1) 新建"定位轴线""墙线""家具"和"标注"4 个图层："定位轴线"图层颜色设置为红色，线型加载为 ACAD_ISO04W100；"墙线"图层线宽设置为 0.3mm；"家具"图层保持默认值；"标注"图层颜色设置为青色。

(2) 设置"线型"的"全局比例因子"为 25。

微课 5-3-1

全国高职高专「十三五」贯穿式＋立体化创新规划教材

(3) 选择"定位轴线"图层为当前图层。

(4) 执行"直线"和"偏移"命令,绘制定位轴线。

(5) 选择"墙线"图层为当前图层。

(6) 执行菜单命令"格式"→"多线样式",新建厚度为240mm的墙线样式Q24。

(7) 执行菜单命令"绘图"→"多线",或在命令行输入ML并按Enter键,设置对正类型为Z,多线比例为1,绘制墙线。

(8) 执行菜单命令"修改"→"对象"→"多线",或双击多线,在弹出的"多线编辑工具"列表中选择"角点结合"工具,对多线首尾结合部进行编辑。

(9) 执行"偏移"和"修剪"命令,按照图中所给尺寸修剪出门窗洞口位置,效果如图5-30所示。

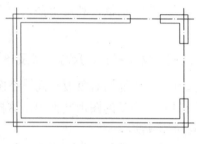

图 5-30 绘制墙线

任务二 摆放家具

(1) 选择"家具"图层为当前图层。

(2) 单击"设计中心"按钮 ,或按Ctrl+2组合键,打开"设计中心"窗口。

(3) AutoCAD自带许多"块"文件。在"文件夹"选项卡中依次打开AutoCAD安装目录"\Sample\DesignCenter\Home-Space Planner\块"。

微课 5-3-2

(4) 从窗口右侧选择"书桌-30x60 英寸"块图标,将其拖放到窗口附近,并执行"旋转"命令,将其旋转-90°后拖放到窗口合适位置。

(5) 从窗口右侧选择"椅子-摇椅"块图标,将其拖放到书桌附近,并执行"旋转"命令,将其旋转90°后拖放到书桌合适位置。

(6) 从窗口右侧选择"柜-19x72 英寸"块图标,将其拖放到书房左下角位置。

课 后 练 习

1. 利用块命令绘制图5-31所示建筑物标准FD-BD结构图。

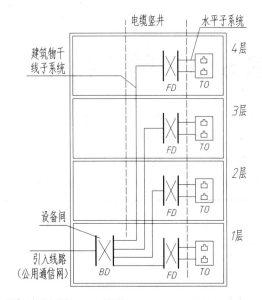

图 5-31　建筑物标准 FD-BD 结构图

2. 利用属性块绘制图 5-32 所示综合布线系统分层星型拓扑结构图。

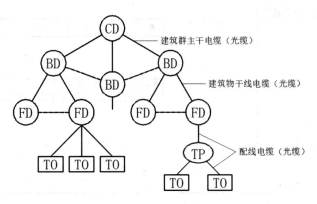

图 5-32　综合布线系统分层星型拓扑结构图

全国高职高专「十三五」贯穿式＋立体化创新规划教材

第6章 图框和标题栏

一幅完整的 AutoCAD 图形，除了包含必要的图形外，还应该设置图纸的大小，绘制图框线和标题栏，以及技术要求等文字信息，以便更完整地表现图形信息。图 6-1 所示为一幅包含图框、标题栏及技术要求的完整轴承图形。

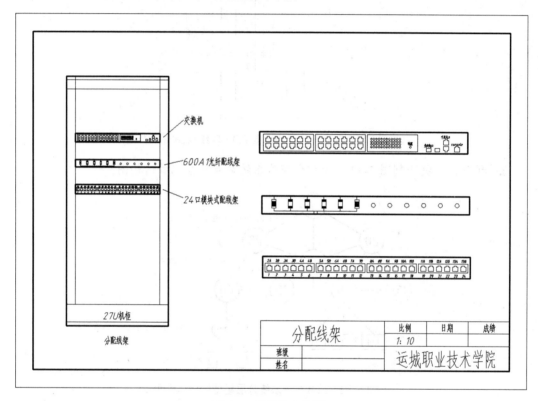

图 6-1 图框和标题栏

绘制图形必须严格遵守国家相应的技术标准。国家标准《技术制图》是一项基础技术标准，是工程界各种专业技术图样的通则性规定；国家标准《机械制图》的相关规定是机械专业制图标准，《建筑制图标准》(GB/T 50104—2010)是建筑专业的制图标准，它们都是绘图、识图和使用图样的准绳，因此应该认真学习并严格遵守这些相关规定。

6.1 图框格式

图框指的是图纸上限定绘图区域的线框。图框内还应包括标题栏、明细栏以及绘图所采用的比例等设计信息。

6.1.1 图纸幅面

图纸幅面指的是图纸长度与宽度组成的图面。图纸幅面应执行《技术制图 图纸幅面及格式》(GB/T 14689—2008)的国家标准。为了便于图样的保管和使用，绘制图形时应优先采用表 6-1 所示的 A0、A1、A2、A3、A4 5 种基本幅面。

表 6-1　基本幅面的代号和尺寸　　　　　　　　　　　　　　单位：mm

基本尺寸幅面	A0	A1	A2	A3	A4
幅面大小	1189×841	841×594	594×420	420×297	297×210

除 5 种基本幅面的图纸外，必要时也允许使用加长幅面，但加长幅面的尺寸必须与基本幅面的短边成整数倍增加，如图 6-2 所示。

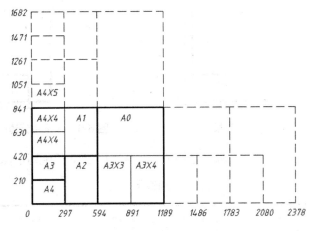

图 6-2　图纸加长幅面

常用的加长幅面有 A3×3、A3×4、A4×3、A4×4、A4×5 等几种，如表 6-2 所示。

表 6-2　加长幅面的代号和尺寸　　　　　　　　　　　　　　单位：mm

基本尺寸幅面	A3×3	A3×4	A4×3	A4×4	A4×5
幅面大小	420×891	420×1189	297×630	297×841	297×1051

6.1.2 图框格式

使用 AutoCAD 绘图时，绘图图限不能直观地显示出来，所以在绘图时还需要通过图框来确定绘图的范围，使所有的图形绘制在图框线之内。

图框指的是图纸上限定绘图区域的线框。在图纸上表示图幅大小的纸张边界线用细实线绘制，图框用粗实线绘制。图框格式分为不留装订边和保留装订边两种。同一产品的图样必须采用一种格式。

不留装订边的图框格式又分为横装和竖装两种，分别如图 6-3 和图 6-4 所示。

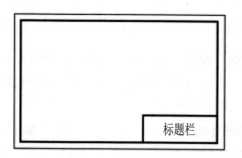

图 6-3　不留装订边的图框格式(横装)

图 6-4　不留装订边的图框格式(竖装)

保留装订边的图框格式也分为横装和竖装两种，分别如图 6-5 和图 6-6 所示。

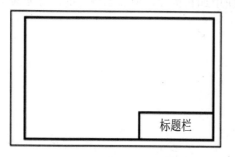

图 6-5　保留装订边的图框格式(横装)

图 6-6　保留装订边的图框格式(竖装)

图纸各周边的尺寸与图纸的图幅大小有关，具体尺寸如表 6-3 所示。

表 6-3　周边尺寸　　　　　　　　　　　　　　　　　　　　　单位：mm

基本尺寸幅面	A0	A1	A2	A3	A4
幅面大小	1189×841	841×594	594×420	420×297	297×210
不留装订边	20		10		
留装订边的其余边	10			5	
装订边	25				

6.1.3　标题栏

在每张图纸右下角位置应画出标题栏。标题栏是图纸的重要组成部分，其格式和尺寸在国家标准《技术制图　标题栏》(GB/T　10609.1—2008)中已有规定。用于学生作业的标题栏可参考图 6-7 所示的格式。

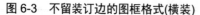

图 6-7　学生作业用标题栏

6.1.4 明细栏

明细栏是绘制装配图时标注机器或全部零部件的详细目录，一般应画在标题栏的上方。明细栏的一般格式如图 6-8 所示。

4					
3					
2					
1					
序号	代号	零件名称	数量	材料	备注

图 6-8　明细栏

6.1.5 比例

绘制图样时应在表 6-4 所规定的系列中选取适当的比例。无论采取何种比例，图样中所注的尺寸数值均应为物体的真实大小，与图形的显示比例无关。

表 6-4　比例系数

种　类	比例系数				
原值比例	$1:1$				
放大比例	$2:1$	$5:1$	$(1×10^n):1$	$(2×10^n):1$	$(5×10^n):1$
缩小比例	$1:2$	$1:5$	$1:(1×10^n)$	$1:(2×10^n)$	$1:(5×10^n)$

6.2　文　本　注　释

文本注释是 AutoCAD 绘图不可缺少的组成部分。文本注释的字体应采用国家标准《技术制图 字体》(GB/T 14691—93)中的规定。

6.2.1 设置文字样式

使用 AutoCAD 绘图时，所有文字都有与之相关联的文字样式。

在创建文字注释和尺寸标注时，AutoCAD 默认使用当前的文字样式，可以根据具体要求创建新的文字样式。文字样式包括文字的"字体""大小"和"效果"等参数。

选择"格式"→"文字样式"菜单命令，或在命令行输入 ST 并按 Enter 键，打开"文字样式"对话框，如图 6-9 所示。利用该对话框可以新建或修改文字样式，并设置文字为当前样式。

单击"字体"下方的下拉按钮，从下拉列表中选择 gbeitc.shx 字体。选中"使用大字体"复选框后，从"大字体"下拉列表框中选择 gbcbig.shx 字体。

工程制图中通常采用 2.5、3.5、5、7、10、14、20 等 7 种字号的字体，此处可以暂不设置文字高度(保持默认值 0.0000)，在输入文字时，命令行将显示"指定高度："提示，

全国高职高专『十三五』贯穿式＋立体化创新规划教材

此时再指定文字的高度。

另外，还可以选择文字的"效果"，如颠倒、反向和垂直，以及文字的倾斜角度。

图 6-9 "文字样式"对话框

6.2.2 标注单行文字

单行文字用来创建文字内容比较简短的文字对象，如标签等，并且可以进行单独编辑。

选择"绘图"→"文字"→"单行文字"菜单命令，或者在命令行输入 DT 并按 Enter 键，按提示要求选择文字样式、对正方式和文字的起点、文字高度及旋转角度后，即可输入单行文字。

创建单行文字时，可能需要输入一些特殊字符，如直径符号(ϕ)、角度符号(°)等，因此 AutoCAD 提供了相应的控制符，以实现这些标注的要求。

AutoCAD 的控制符由两个百分号(%%)及在后面紧接一个字符构成，常用的控制符如表 6-5 所示。

表 6-5 AutoCAD 常用的标注控制符

控 制 符	功 能	输入方法	显示效果
%%O	打开或关闭文字上划线	%%O60	60
%%U	打开或关闭文字下划线	%%U60	60
%%D	角度符号	60%%D	60°
%%P	正负公差符号	%%P60	±60
%%C	直径符号	%%C60	Φ60

在 AutoCAD 的控制符中，%%O 和%%U 分别是上划线和下划线的开关，即第一次出现该符号时可打开上划线或下划线，第二次出现该符号时则可关闭上划线或下划线。

6.2.3 标注多行文字

对于内容较长、格式较复杂的文字，如图样的技术要求等，通常需要以多行文字的方式来输入。多行文字又称为段落文字，是一种更易于管理的文字对象，可以在多行文字中单独设置其中某一部分文字的属性。

　　单击工具栏中的"多行文字"按钮 **A**，或在命令行中输入 T 并按 Enter 键，然后在绘图窗口指定一个用来放置多行文字的矩形区域，将同时打开一个矩形区域文本框和"文字格式"工具栏，如图 6-10 所示。

图 6-10　　"文字格式"工具栏

　　使用"文字格式"工具栏可以设置文字样式、文字字体、文字高度、加粗、倾斜等效果，还可以单击"符号"下拉按钮 **@▼**，从下拉列表中选择各种特殊符号。

　　单击"堆叠"按钮，可以创建堆叠文字(堆叠文字是一种垂直对齐的文字或分数)。在使用时，首先需要输入分子和分母，其间使用 / 、# 或 ^ 分隔，然后选择这一部分文字，单击按钮即可。例如，在文本框中输入 2016/2017 后单击按钮，效果为 $\frac{2016}{2017}$；输入 2016#2017 后单击按钮，效果为 $^{2016}/_{2017}$；输入 2016^2017 后单击按钮，效果为 $\frac{2016}{2017}$。

6.3　创　建　表　格

　　利用 AutoCAD 的表格功能，可以方便、快速地创建绘制图纸所需的表格，如标题栏和明细栏等。在绘制表格之前，需要首先用"表格样式"命令设置表格的样式，使表格按照一定的标准进行创建。

6.3.1　设置表格样式

　　表格样式控制一个表格的外观，用于保证标准的字体、颜色、高度和行距等。可以使用默认的表格样式，也可以根据需要自定义表格样式。

　　(1) 选择"格式"→"表格样式"菜单命令，或在命令行输入 TS 并按 Enter 键，打开"表格样式"对话框，如图 6-11 所示。

　　(2) 单击"新建"按钮，打开"创建新的表格样式"对话框，在"新样式名"文本框中输入新的表格样式名，在"基础样式"下拉列表框中选择基础的表格样式，新的表格样式将在基础样式基础上进行修改。

　　(3) 单击"继续"按钮，打开"新建表格样式:mytablestyle"对话框，如图 6-12 所示。

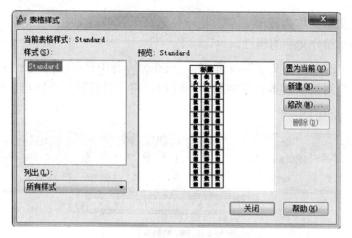

图 6-11 "表格样式"对话框

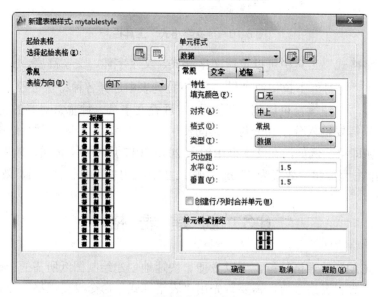

图 6-12 "新建表格样式"对话框

① "起始表格"选项组。在图形中指定一个表格用作样例来设置此表格样式的格式。选择表格后，可以指定要从此表格复制到表格样式的结构和内容。

② "表格方向"下拉列表框。设置表格的绘制方向。"向下"将创建由上向下读取的表格，"向上"将创建由下向上读取的表格。

③ "单元样式"选项组。表格由 3 部分构成，分别是标题行、表头行和数据行。单击下拉列表分别选择"标题""表头"和"数据"选项来设置表格的标题、表头和数据对应的样式。3 个选项的内容基本相似，可以分别指定表格常规特性、文字特性和边框特性。

6.3.2 创建表格

(1) 单击工具栏中的"表格"按钮⊞，或在命令行输入 TAB 并按 Enter 键，打开"插入表格"对话框，如图 6-13 所示。

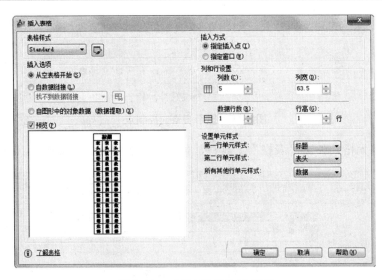

图 6-13 "插入表格"对话框

"表格样式"选项组：从"表格样式"下拉列表框中选择表格样式，或单击其后的 按钮，打开"表格样式"对话框，创建新的表格样式。

"插入选项"选项组：选中"从空表格开始"单选按钮，可以创建一个空的表格；选中"自数据链接"单选按钮，可以从外部导入数据来创建表格；选中"自图形中的对象数据(数据提取)"单选按钮，可以用于从可输出到表格或外部文件的图形中提取数据来创建表格。

"插入方式"选项组：选中"指定插入点"单选按钮，可以在绘图窗口中的某点插入固定大小的表格；选中"指定窗口"单选按钮，可以在绘图窗口中通过拖动鼠标创建任意大小的表格。

"列和行设置"选项组：通过改变"列数""列宽""数据行数"和"行高"微调框中的数值来调整表格的外观和大小。

"设置单元格样式"选项组：可以分别指定表格第一行、第二行和所有其他行单元格的样式。

(2) 设置完成，单击"确定"按钮，在绘图窗口中单击确定插入表格的位置，此时会同时弹出表格和"文字格式"工具栏，可以输入文字并修改文字格式，如图 6-14 所示。双击单元格，也可弹出"文字格式"工具栏。

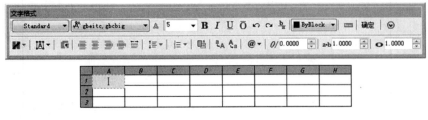

图 6-14 "文字格式"工具栏

(3) 单击表格线选中表格，在表格的四周、标题行上将显示许多控制点，通过拖动控

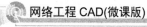
制点，可以修改表格的列宽和行高，如图6-15所示。

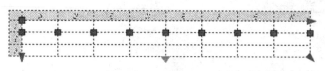

图6-15　显示表格的控制点

(4) 单击单元格，弹出"表格"工具栏，可以修改表格样式，如图6-16所示。

图6-16　"表格"工具栏

6.4　制作样板图

由于制图标准和制图习惯的原因，不同图纸(机械图或建筑图等)的图幅、标题栏、绘图单位、绘图精度、图层、尺寸样式和文字样式等基本设置基本上是固定不变，或者是按一定规律变化的。因此，在绘制图形的过程中，用户可以通过建立和使用样板图，避免这些重复操作，从而节省绘图时间，提高绘图效率。

制作样板图，必须严格遵守国家制图标准的有关规定，包括使用标准图幅、标准线型、文字样式和标注样式等。

【练习6-1】绘制如图6-17所示的A3图幅的机械图形样板图。

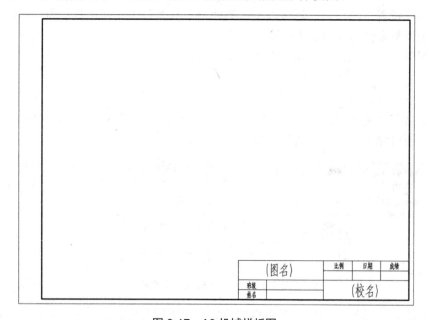

图6-17　A3机械样板图

6.4.1　绘制样板图

任务一　设置图层

绘制图形时，图层是一个重要的辅助工具，可以用来管理图形中的不同对象。创建图层一般包含设置层名、颜色、线型和线宽。图层的多少需要根据所绘制图形的复杂程度来确定。对于一些比较简单的图形，只需设置中心线、轮廓线、标注等图层即可，对于较复杂的图层，就需要设置更多的图层。

微课 6-1-1

下面为 A3 幅面的样板图创建中心线、轮廓线、尺寸标注、文字标注及图框 5 个图层。

(1) 单击"图层特性管理器"按钮，或在命令行输入 LA 并按 Enter 键，打开"图层特性管理器"对话框。

(2) 单击"新建图层"按钮，创建中心线、轮廓线、尺寸标注、文字标注和图框 5 个图层，如图 6-18 所示。

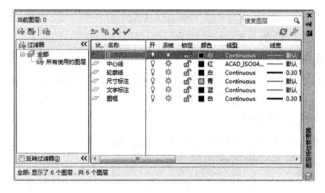

图 6-18　设置图层

(3) 执行"格式"→"线型"菜单命令，或在命令行输入 LT 并按 Enter 键，在弹出的"线型管理器"对话框中设置"全局比例因子"为 0.5。

任务二　设置文字样式

(1) 执行"格式"→"文字样式"菜单命令，或在命令行输入 ST 并按 Enter 键，打开"文字样式"对话框，设置 SHX 字体为 gbeitc.shx，大字体为 gbcbig.shx。

(2) A3 幅面的样板图中常用到高度分别为 7、10、14 等 3 种字号的文字，所以需要新建 3 种文字样式，如图 6-19 所示。

任务三　设置尺寸标注样式

尺寸标注样式主要用来标注图形中的尺寸，对于不同种类的图形，尺寸标注的要求也不尽相同。下面设置 A3 样板图的尺寸标注样式。

(1) 选择"格式"→"标注样式"菜单命令，或在命令行输入 D 并按 Enter 键，打开"标注样式管理器"对话框。

(2) 在"标注样式管理器"对话框中单击"新建"按钮，在打开的"创建新标注样式"对话框中输入新样式名为"尺寸 7"，单击"继续"按钮，打开"新建标注样式"对话框。

图 6-19　新建三种文字样式

(3)　切换到"文字"选项卡，单击"文字样式"下拉按钮，从弹出的下拉列表中选择"文字 7"，设置"文字对齐"方式选择"ISO 标准"，"从尺寸线偏移"为 2.5；切换到"符号和箭头"选项卡，设置"箭头大小"为 3.5；切换到"线"选项卡，设置"超出尺寸线"和"起点偏移量"均为 2.5。

任务四　绘制图框

使用 AutoCAD 绘图时，为了清楚地显示图幅大小，需要通过绘制图框线来确定绘图的范围，使所有的图形绘制在图框线之内。

(1)　选择"0"图层为当前图层。

(2)　执行"矩形"命令，在绘图区绘制长 420、宽 297 的矩形。

(3)　执行"分解"命令，将内侧矩形分解。

微课 6-1-2

(4)　执行"偏移"命令，将内侧矩形左侧竖线向右偏移 25，其余各边向内偏移 5。

(5)　执行"修剪"命令，修剪内侧矩形，结果如图 6-20 所示。

图 6-20　绘制图框

任务五　绘制标题栏

标题栏一般位于图框的右下角。标题栏记录着图纸的重要信息，对于一张图纸来说是至关重要的。

(1) 执行"偏移"命令，将内侧矩形下方直线连续向上偏移 10，共 4 次。

(2) 重复"偏移"命令，将内侧矩形右侧直线连续向左偏移 30，共 6 次。

(3) 执行"修剪"命令，按样板图样式修剪"标题栏"。

(4) 选择构成内侧矩形的 4 条直线，将其转换到"图框"图层。

(5) 单击"多行文字"按钮 **A**，或在命令行输入 T 并按 Enter 键，在绘图区域绘制一文本框，此时会同时打开"文字格式"工具栏。

(6) 在"文字格式"工具栏的"格式"下拉列表框中选择"文字 14"，在文本框中输入"(图名)"，单击"确定"按钮。

(7) 执行"移动"命令，将文本框"图名"移动到标题栏左上角位置，并使其居中。

(8) 执行"复制"命令，将文本框"图名"复制到标题栏右下角位置，并使其居中。

(9) 双击文本框"图名"，将"图名"修改为"校名"。

(10) 用同样的方法，使用"文字 7"填写班级、姓名、比例等文字。

6.4.2　保存样板图

通过设置图层、设置文字样式和标注样式、绘制图框和标题栏等操作，样板图及其绘图环境已经设置完毕，可以将其保存为样板图文件。

微课 6-1-3

选择"文件"→"另存为"菜单命令，打开"图形另存为"对话框，在"文件类型"下拉列表框中选择"AutoCAD 图形样板(*.dwt)"选项，在"文件名"下拉列表框中输入文件名称"A3 机械"，如图 6-21 所示。

单击"保存"按钮，打开"样板选项"对话框，在"说明"选项区域中输入对样板图形的描述和说明，这样就创建好了一个标准的 A3 幅面的样板文件。

图 6-21　"图形另存为"对话框

6.4.3　打开样板图

样板图建立以后，用户就可以打开样板图文件了，在样板图基础上绘制图形。

选择"文件"→"新建"菜单命令，AutoCAD 弹出"选择样板"对话框。在对话框的"名称"列表框中选择新建的样板文件名称"A3 机械"，如图 6-22 所示，单击"打开"按钮即可打开 A3 机械样板图。

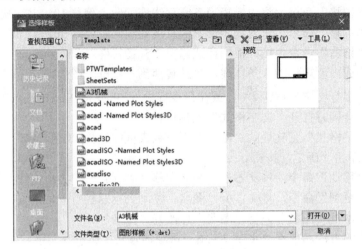

图 6-22 "选择样板"对话框

样板图的绘制属于建筑绘图的基本设置，建立合理的样板图为高效、标准、统一的建筑图形打下基础。

完成图形绘制，保存图形文件时应将其保存为*.dwg 格式的文件。

【练习 6-2】使用样板图绘制图 6-23 所示吊钩零件图。

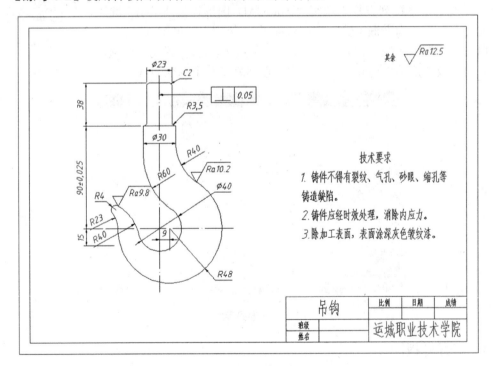

图 6-23 吊钩零件图

任务一　打开样板图

使用样板图可以极大地方便图形的绘制，规范图形格式。

(1) 打开 AutoCAD 软件。

(2) 执行菜单命令"文件"→"新建"，打开"选择样板"对话框。

(3) 从"名称"列表框中选择"A3 机械"，单击"打开"按钮，新建一个以 A3 机械样板图为基础的图纸。

微课 6-2-1

任务二　绘制中心线

(1) 选择"中心线"图层为当前图层。

(2) 执行"直线"命令，绘制一条水平中心线和一条垂直中心线。

(3) 执行"偏移"命令，将水平中心线依次向上偏移 15、90 和 38。

(4) 重复"偏移"命令，将垂直中心线分别向左、向右各偏移 11.5 和 15，再将垂直中心线向右偏移 9，如图 6-24 所示。

任务三　绘制图形

(1) 选择"轮廓线"图层为当前图层。

(2) 执行"直线"命令，沿中心线位置绘制所需轮廓线。

(3) 删除不再需要的中心线，结果如图 6-25 所示。

微课 6-2-2

(4) 执行"圆"命令，以交点 O 为圆心，绘制直径为 40 的圆；以交点 A 为圆心，绘制半径为 48 的圆，如图 6-26 所示。

(5) 执行"圆角"命令，设置圆角半径为 40，对图中 1 处进行圆角处理；设置圆角半径为 60，对图中 2 处进行圆角处理，如图 6-27 所示。

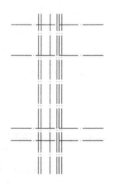

图 6-24　绘制中心线

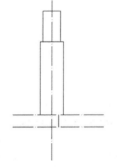

图 6-25　绘制轮廓线

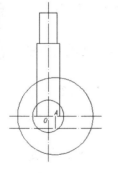

图 6-26　绘制圆

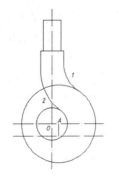

图 6-27　圆角

(6) 执行"圆"命令，以交点 A 为圆心绘制半径为 71 的辅助圆；以辅助圆与第一条水平中心线的交点为圆心，绘制半径为 23 的圆，如图 6-28 所示。

(7) 删除图中半径为 71 的辅助圆，如图 6-29 所示。

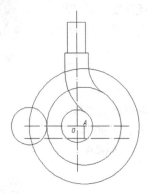

图 6-28　绘制半径为 23 的圆

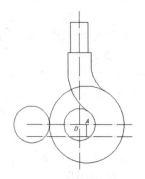

图 6-29　删除辅助圆

(8) 执行"圆"命令，以交点 O 为圆心绘制半径为 60 的辅助圆；以辅助圆与第二条水平中心线的交点为圆心，绘制半径为 40 的圆，如图 6-30 所示。

(9) 删除图中半径为 60 的辅助圆，如图 6-31 所示。

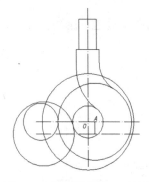

图 6-30　绘制半径为 40 的圆

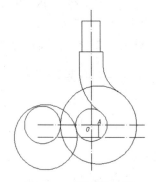

图 6-31　删除辅助圆

(10) 执行"圆角"命令，设置圆角半径为 4，"修剪"选项为不修剪，对图中新绘制的半径为 23 和半径为 40 的圆进行圆角，如图 6-32 所示。

(11) 执行"修剪"命令，按照图 6-33 所示修剪图形。

(12) 执行"倒角"命令，设置倒角距离为 2，"修剪"选项为修剪，分别对 A 和 B 处进行倒角处理，如图 6-34 所示。

(13) 执行"圆角"命令，设置圆角半径为 3.5，"修剪"选项为不修剪，分别对 C 和 D 处进行圆角处理。

(14) 单击"修剪"命令，对圆角处的多余直线进行修剪，如图 6-35 所示。

微课 6-2-3

任务四　标注图形

图形绘制完成后，还需要进行尺寸标注。通常，图纸中的标注包括尺寸标注、公差标注和粗糙度标注等。

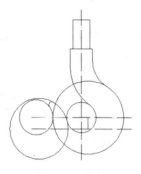

图 6-32　圆角

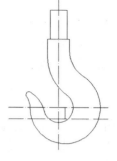

图 6-33　修剪图形

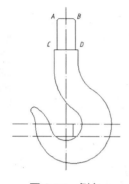

图 6-34　倒角

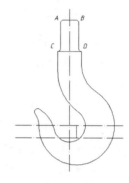

图 6-35　圆角

1)　标注基本尺寸

(1)　选择"标注"图层为当前图层。

(2)　执行线性、连续、半径、直径等标注命令，标注图形的基本尺寸，结果如图 6-36 所示。

2)　标注带直径符号的线性尺寸

(1)　双击线性标注 23，弹出"文字格式"工具栏，单击工具栏中的"符号"下拉按钮 ，从下拉列表中选择"直径(I)　%%c"，单击"确定"按钮，将线性标注 23 修改为直径标注ϕ23。

微课 6-2-4

(2)　用同样的方法，将线性标注 30 修改为直径标注ϕ30，如图 6-37 所示。

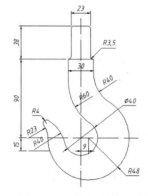

图 6-36　标注基本尺寸

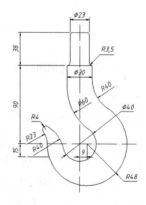

图 6-37　标注直径符号 ϕ

全国高职高专『十三五』贯穿式+立体化创新规划教材

3) 标注倒角

(1) 执行"多重引线样式"命令，打开"多重引线样式管理器"对话框。单击对话框中的"修改"按钮，切换到"内容"选项卡。

(2) 在"内容"选项卡中单击"文字样式"下拉按钮，在打开的"文字样式"下拉列表选择"尺寸标注"；单击"应用"按钮并"置为当前"后，设置"引线连接"方式为"水平连接"，并设置"连接位置-左"为"最后一行加下划线"和"连接位置-右"为"最后一行加下划线。

微课 6-2-5

(3) 执行"多重引线"命令。

(4) 命令行提示为"指定引线箭头的位置或[引线基线优先(L)/内容优先(C)/选项(O)]："时，捕捉图形右上角倒角线中点单击。

(5) 命令行提示为"指定引线基线的位置："时，选择合适位置单击。

(6) 在弹出的引线内容文本框中输入 C2，单击"文字样式"工具栏中的"确定"按钮，标注结果如图 6-38 所示。

4) 标注尺寸公差

(1) 选中基本尺寸 90，单击工具栏中的"特性"按钮 ，或按 Ctrl+1 组合键，弹出"特性"工具选项板。

微课 6-2-6

(2) 在选项板中向下拖动滚动条，显示出"公差"选项内容。

(3) 单击"显示公差"下拉按钮，在弹出的下拉列表中选择公差类型为"对称"；单击"公差精度"下拉按钮，在弹出的下拉列表中选择公差精度为 0.000。在"公差上偏差"右侧的文本框中输入偏差值为 0.025，结果如图 6-39 所示。

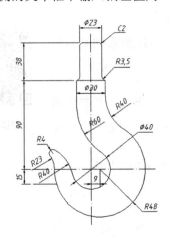

图 6-38　标注倒角尺寸

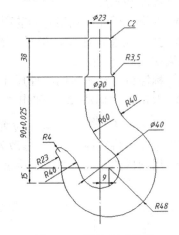

图 6-39　标注尺寸公差

5) 标注形位公差

(1) 执行"多重引线"命令。

(2) 命令行提示为"指定引线箭头的位置或[引线基线优先(L)/内容优先(C)/选项(O)]："时，单击图中垂直中心线位置。

(3) 命令行提示为"指定引线基线的位置："时，选择合适位置单击。

(4) 弹出引线内容文本框后，单击"文字样式"工具栏中的"确定"按钮结束输入。

（5）单击"公差"按钮，或在命令行输入 TOL 并按 Enter 键，打开"形位公差"对话框。

（6）在弹出的"形位公差"对话框中单击"符号"下方第一行的■框，打开"特征符号"对话框，选择■符号；在"公差 1"下方第一行的文本框中输入公差值 0.05，单击"确定"按钮，标注效果如图 6-40 所示。

6）标注粗糙度

（1）绘制粗糙度符号，如图 6-41 所示。

（2）执行"定义属性"命令，打开"属性定义"对话框，并进行如图 6-42 所示的设置。

（3）将定义的属性标记放置到粗糙度符号的合适位置，如图 6-43 所示。

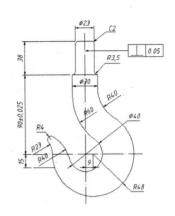

图 6-40　标注形位公差

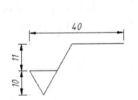

图 6-41　绘制粗糙度符号

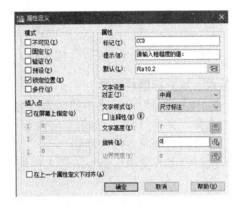

图 6-42　"定义属性"对话框

（4）执行"创建块"命令，创建名为"粗糙度"的属性块。

（5）执行"插入块"命令，将粗糙度符号插入到图 6-44 所示位置。插入属性块时，若属性值为定义属性时设置的默认值，直接按 Enter 键确认；若属性值非定义属性时设置的默认值，需在命令行输入新的属性值后，按 Enter 键。

微课 6-2-7

图 6-43　定义块属性

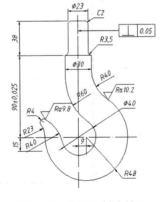

图 6-44　标注粗糙度符号

任务五　添加技术要求

在图纸中，注释文字是必不可少的，通常是关于图纸的一些技术要求和相关说明。可以使用"多行文字"命令创建文字注释。

微课 6-2-8

(1) 选择"文字标注"图层为当前图层。

(2) 单击"多行文字"按钮，在绘图区域单击鼠标并拖动，创建一个放置多行文字的矩形区域，同时弹出"文字格式"工具栏。

(3) 在"样式"下拉列表框中选择"文字 10"，并在文字输入窗口中输入需要创建的多行文字内容，如图 6-45 所示。

图 6-45　添加技术要求

任务六　填充标题栏文字

(1) 双击"图名"单元格中的文本内容，弹出"文字格式"工具栏，在"样式"下拉列表框中选择"文字 14"，将单元格内容"(图名)"修改为"吊钩"。用同样的方法，将"校名"修改为运城职业技术学院。

(2) 执行"多行文字"命令，输入标题栏中其他单元格的文字内容。

课 后 练 习

绘制如图 6-46 所示的 A3 幅面建筑样板图。

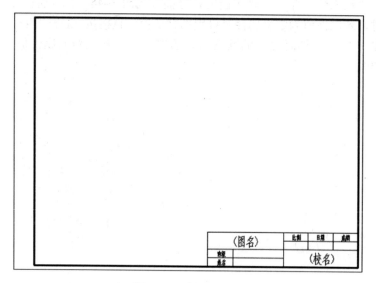

图 6-46　建筑样板图

要求：

(1) 按照 1∶1 比例绘制 A3 图幅，然后将其放大 100 倍。

(2) 左侧装订。

(3) 设置图层。包括轴线、墙线、门、窗、图框、尺寸标注、文字注释等图层。

(4) 设置线型比例因子。设置线型比例因子为 25。

(5) 定义墙线。墙体厚度为 240mm。

(6) 设置文字样式。创建以下 4 种文字样式，设置"SHX 字体"均为 gbeitc.shx 字体，"大字体"均为 gbcbig.shx 字体。

文字 350：用于标高文字，文字高度 350mm。

文字 500：用于尺寸标注和文字注释，文字高度 500mm。

文字 700：用于轴线编号，文字高度 700mm。

文字 1000：用于标注图名，文字高度 1000mm。

(7) 设置尺寸标注样式"尺寸 500"。"文字样式"选择"文字 500"，"箭头"选择"建筑标记"，"箭头大小"设置为 250，"超出尺寸线""起点偏移量"及"从尺寸线偏移"均设置为 180。

(8) 将样板图保存为"A3 建筑"。

全国高职高专"十三五"贯穿式＋立体化创新规划教材

第7章　建筑平面图

本章着重介绍了建筑平面图的基本知识和建筑平面图的绘制过程，并以某个 3 层住宅楼的一层平面图为例，演示了利用 AutoCAD 软件从绘制轴线、绘制墙线、安装门窗到文本标注的绘制一个完整的建筑平面图的全过程。通过本章的学习，用户可以加深对建筑平面图的识读，并掌握建筑平面图的绘制要求及步骤。

7.1　建筑平面图概述

绘制建筑平面图之前，首先要熟悉建筑平面图的定义、绘制内容、识读方法、绘制要求和绘制步骤。

7.1.1　建筑平面图的定义

建筑平面图是建筑施工图的一种，反映了建筑物的平面布局。建筑平面图是假想用一水平剖切平面，从建筑物经门窗洞口处一点剖切建筑，移去剖切平面以上的部分，向下所作的正投影图，称为建筑平面图，简称平面图。

图 7-1 所示为建筑平面图的形成示意图。

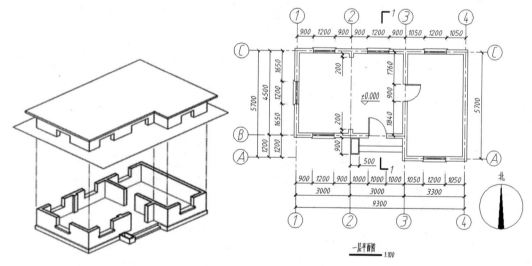

图 7-1　建筑平面图的形成

建筑平面图的作用主要是反映建筑物的平面形状、大小、内部布置、墙(柱)的位置、厚度和材料、门窗的位置和类型等情况，并可作为建筑施工定位、放线、砌墙、安装门窗、室内装修、编制预算的依据。

一般来说，房屋有几层就应有几个平面图。沿房屋底层门窗洞口剖切所得到的平面图称为底层平面图，沿二层门窗洞口剖切所得到的平面图称为二层平面图，用同样的方法可得到三层、四层等平面图。若中间各楼层平面布局完全相同，可只画一个标准层平面图。最高一层的平面图称为顶层平面图。一般房屋有底层平面图、标准层平面图、顶层平面图即可，在平面图下方应注明相应的图名及采用比例。

　　平面图的绘制是建筑绘图中最为重要的一步，它是一项综合性很强的工作，要求绘图人员熟悉建筑绘图的规范和要求，熟练掌握 AutoCAD 软件的各种绘图命令，并且有足够的细心和耐心。

7.1.2　建筑平面图的绘制内容

　　建筑平面图应能反映出建筑物的平面形状和尺寸、房间的大小和布置、门窗的开启方向等。另外，应在建筑平面图中按照视图规律表示建筑构件和装置的位置、大小、做法等，如讲台、坡道、卫生间的坐便器等。同时建筑设计还应协调其他专业，如给排水、电气系统等专业，这些专业的设计成果在建筑中也要合理、完善地满足使用要求。因此，这些专业的构造要求，也应在建筑平面图中得到表示。

　　建筑平面图的绘制内容主要概括为以下几个部分。

　　(1)　所有轴线及其编号以及墙、柱、墩的位置和尺寸。

　　(2)　所有房间的名称及其门窗的位置、编号与大小。

　　(3)　室内外的有关尺寸及室内地面的标高。

　　(4)　电梯、楼梯的位置及楼梯上下行方向及主要尺寸。

　　(5)　阳台、雨篷、台阶、斜坡、烟道、通风道、管井、消防梯、雨水管、散水、排水沟、花池等位置及尺寸。

　　(6)　室内设备，如卫生洁具、水池、工作台、隔断及其他设备的位置、形状。

　　(7)　地下室、地坑、地沟、墙上预留洞、高窗等位置和尺寸。

　　(8)　在底层平面图上还应该画出剖面图的剖切符号及编号、左下方或右下方画出指北针。

　　(9)　有关部位的详图索引符号。

　　(10) 屋顶平面图上一般应表示出女儿墙、檐沟、屋面坡度、分水线与雨水口、变形缝、楼梯间、水箱间、天窗、上人孔、消防梯及其他构筑物、索引符号等。

7.1.3　建筑平面图的识读

　　工程图样有"工程界的语言"之称，所以读图是与绘图同等重要的一项基本技能。读图步骤一般如下。

　　(1)　阅读图名、比例和文字说明。

　　(2)　了解房屋的平面形状、总尺寸及朝向。

　　(3)　由定位轴线了解建筑物的开间、进深。

　　(4)　了解各房间的形状、大小、位置、面积、用途、相互关系、交通状况。

　　(5)　了解墙柱的定位和尺寸。

　　(6)　了解建筑中各组成部分的标高情况，如地面、楼面、楼梯平台面、室外台阶面、

全国高职高专"十三五"贯穿式＋立体化创新规划教材

阳台地面等处。

  (7) 了解门窗的位置及编号。

  (8) 了解细部构造及设备、设施等。

  (9) 了解建筑剖面图的剖切位置、索引标志。

  (10) 了解各专业设备的布置情况。

7.1.4 建筑平面图的绘制要求

  建筑平面图的绘制要求主要涉及图幅、比例、定位轴线、线型、图例、尺寸标注及详图索引符号等几个方面。

  (1) 图幅。建筑图纸按照大小共分以下几种。

  A0 图纸：宽度为 1189mm，长度为 841mm。

  A1 图纸：宽度为 841mm，长度为 594mm。

  A2 图纸：宽度为 594mm，长度为 420mm。

  A3 图纸：宽度为 420mm，长度为 297mm。

  A4 图纸：宽度为 297mm，长度为 210mm。

  用户可以根据实际需要选用相应的图幅。

  (2) 比例。用户可以根据建筑物的大小，采用不同的比例。绘制建筑平面图常用的比例有 1：50、1：100 和 1：200。一般采用 1：100 的比例，当建筑物过大或过小时，也可以选择 1：50 或 1：200。

  (3) 定位轴线。轴线是施工定位、放线的重要依据。凡是承重墙、柱子等主要承重构件都应该画出轴线来确定位置。定位轴线采用单点长画线表示，并给予编号。平面图上定位轴线的标号一般放在定位轴线的对应左侧与下方，当平面图过于复杂时，轴线的右侧与上方也可放置轴线编号。垂直轴线一般采用阿拉伯数字，从左向右编号，如 1、2、3、…；水平轴线采用大写的英文字母，从下往上编号，如 A、B、C、…。但为了避免和数字混淆，大写英文字母中的 I、O、Z 不能作为轴线编号。图 7-2(a)表示第一根竖向轴线编号，图 7-2(b)表示横向第三根轴线编号。

  对于次要位置的确定，可以采用附加定位轴线的编号，编号用分数表示。分母表示前一轴线的编号，采用阿拉伯数字或大写的英文字母；分子表示附加轴线的编号，一律用阿拉伯数字顺序编写，图 7-2(c)表示在 3 号轴线之后附加的第一根轴线，图 7-2(d)表示在 *B* 轴线之后附加的第二根轴线。

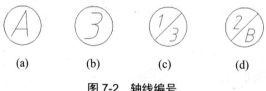

  (a)   (b)   (c)   (d)

图 7-2 轴线编号

  (4) 线型。在建筑平面图中，不同的图线要采用不同的线型。定位轴线采用单点长画线绘制，被剖切到墙、柱的断面轮廓线采用粗实线绘制，门的开启线采用中实线绘制，其余可见轮廓线采用细实线绘制，尺寸线、标高符号、定位轴线的圆圈等用细实线绘制。

(5) 图例。平面图一般要采用图例来绘制图形。一般来说，平面图所有的构件都应该采用国家有关标准规定的图例来绘制，而相应的具体构件应在相应的建筑详图中采用较大的比例来绘制。常用构件及配件的图例可以查阅有关的建筑规范。

(6) 尺寸标注。在建筑平面图中，尺寸标注比较多，一般分为外部尺寸和内部尺寸。所标注的尺寸以 mm 为单位，标高以 m 为单位。

① 外部尺寸：为便于读图和施工，外部应标注 3 道尺寸：最里面一道是细部尺寸，表示建筑外墙上各细部的位置及大小，如门窗洞宽和位置、墙柱的大小和位置、窗间墙的宽度等；中间一道是轴线尺寸，表示轴线间的距离，用以说明房间的开间及进深尺寸；最外面一道是总尺寸，标注房屋的总长、总宽，即指从一端外墙轴线到另一端外墙轴线的总长度和总宽度尺寸。如果房屋是对称的，一般在图形的左侧和下方标注外部尺寸；如果房屋不对称，则需要在各个方向标注尺寸，或在不对称的部分标注外部尺寸。

② 内部尺寸：为了说明房间的净空大小和室内的门窗洞、孔洞、墙厚和固定设备(如厕所、盥洗室、工作台、搁板等)的大小与位置，除房屋总长、定位轴线以及门窗位置的 3 道尺寸外，图形内部要标注出不同类型各房间的净长、净宽尺寸。内墙上门、窗洞口的定型、定位尺寸及细部详尽尺寸。

(7) 详图索引符号。一般在建筑平面图的某些部位要指明其构造详图，以配合平面图的识读，如勒脚、台阶、檐口、女儿墙、雨水口等部位。在建筑平面图中，凡是需要绘制详图的地方都要标注索引符号。索引符号的圆和水平直线以细实线绘制，圆的直径一般为10mm，详图符号的圆圈直径为 14mm，应以粗实线绘制。

7.1.5 建筑平面图的绘制步骤

在 AutoCAD 中，用户绘制建筑平面图一般有两种方法，即三维模型的自动生成法和直接绘制二维图形法。本章采用第二种绘制方法，其绘制步骤如下。

(1) 新建图形文件，设置绘图环境。

(2) 绘制定位轴线和编号。

(3) 绘制墙线和柱网。

(4) 修剪门窗洞口。

(5) 绘制门窗。

(6) 绘制楼梯及其他。

(7) 尺寸标注。

(8) 文字注释。

7.2 绘制建筑平面图

下面通过绘制图 7-3 所示单元楼的一层平面图的实例，说明利用 AutoCAD 绘制建筑平面图的基本步骤。

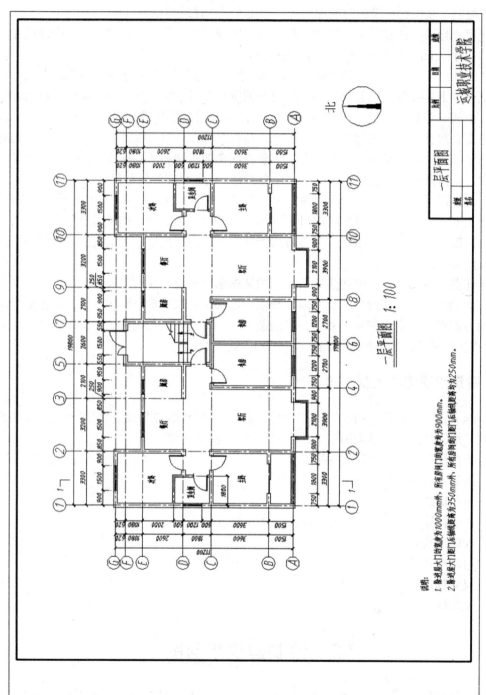

图 7-3 一层平面图

7.2.1 打开样板图

从本章开始的 3 章内容，需要分别绘制一幢三层楼房的平面图、立面图和剖面图，这一套图纸应该采用相同的样板图。在"第 6 章 图框和标题栏"的练习题中已经为这套图纸绘制了"A3 建筑"样板图，后面各章可以直接调用。

微课 7-2-1

(1) 启动 AutoCAD 绘图软件。

(2) 选择"文件"→"新建"命令菜单，打开"选择样板"对话框，如图 7-4 所示。

图 7-4 "选择样板"对话框

(3) 从"名称"列表框中选择"A3 建筑"，单击"打开"按钮，打开"A3 建筑"样板图。

7.2.2 设置图层

样板图中已设置了部分常用图层，还可以根据具体绘制图形的需要增加或删除图层。

(1) 单击"图层"工具栏中"图层特性管理器"按钮，打开"图层特性管理器"对话框。

(2) 单击对话框中的"新建图层"按钮，在建筑样板图原有图层的基础上，新建"阳台"和"楼梯"两个图层，如图 7-5 所示。

全国高职高专"十三五"贯穿式＋立体化创新规划教材

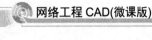
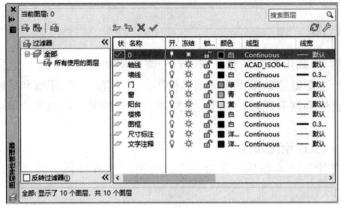

图 7-5　新建图层

7.2.3　绘制定位轴线

定位轴线是绘制建筑平面图时布置墙体和门窗的依据，也是建筑施工时定位的重要依据，在绘制建筑图形时，首先应该绘制定位轴线。由于本建筑平面图关于楼宇门中线对称，所以可以先画一半平面图，之后利用镜像命令完成另一半平面图的绘制。定位轴线绘制的具体步骤如下。

微课 7-2-2

(1)　选择"轴线"图层为当前图层。

(2)　执行"直线"命令，在 A3 图框内合适位置，分别绘制长为 14500 和 17500 的两条垂直相交的辅助线作为定位轴线，如图 7-6 所示。

(3)　执行"偏移"命令，按图 7-7 所示尺寸分别偏移出全部水平定位轴线和垂直定位轴线。

(4)　对第 4 条水平定位轴线和第 2 条竖直定位轴线的长度进行调整。

图 7-6　绘制轴线基准线

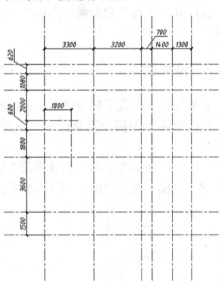

图 7-7　绘制定位轴线

7.2.4 添加轴线编号

对定位轴线添加编号有助于绘图和识图时快速、准确地定位，特别是对于一些结构复杂的建筑物，最好在绘制墙线之前先对定位轴线添加编号。轴线编号应用属性块的方法绘制和插入。

微课 7-2-3

任务一　定义轴线编号属性块

(1) 选择"尺寸标注"图层为当前图层。

(2) 执行"圆"命令，绘制半径为 400 的圆。

(3) 执行"绘图"→"块"→"定义属性"菜单命令，或在命令行输入 ATT 并按 Enter 键，打开"属性定义"对话框。

(4) 在"属性"选项组的"标记"文本框中输入 A，在"提示"文本框中输入"请输入轴线编号："，在"默认"文本框中输入 A；在"插入点"选项组中选中"在屏幕上指定"复选框；在"文字设置"选项组的"对正"下拉列表框中选择"中间"，在"文字样式"下拉列表框中选择"文字 700"，其他选项采用默认值，如图 7-8 所示。

(5) 单击"确定"按钮，在绘图窗口中单击圆心，确定插入点的位置，完成属性块的定义。定义的轴线编号属性块如图 7-9 所示。

图 7-8　"属性定义"对话框

图 7-9　轴线编号属性块

任务二　写块

由于在后续的立面图和剖面图中还要用到轴线编号，所以，这里使用"写块"命令将该属性块写入磁盘，以备后续调用。

(1) 在命令行中输入写块命令 W 并按 Enter 键，打开"写块"对话框。

(2) 在"基点"选项组中单击"拾取点"按钮，然后在绘图窗口中单击圆心。

(3) 在"对象"选项组中单击"选择对象"按钮，然后在绘图窗口中选择属性块。

(4) 属性块的处理方式，选中"保留"单选按钮。

(5) 在"目标"选项组的"文件名和路径"下拉列表框中输入属性块在磁盘上的保存位置和属性块的名称。这里定义属性块的名称为"轴线编号"，如图 7-10 所示。

(6) 单击"确定"按钮。

任务三　插入轴线编号属性块

轴线编号属性块定义完成后，下面需要分别向横向和竖向轴线添加轴线编号。

全国高职高专『十三五』贯穿式＋立体化创新规划教材

（1）单击"插入块"按钮，或在命令行输入 I 并按 Enter 键，打开"插入"对话框。

（2）单击"浏览"按钮，在保存属性块的位置选择创建的属性块"轴线编号"并打开。

（3）在"插入点"选项组中选中"在屏幕上指定"复选框，其他选项保持默认值，如图 7-11 所示。

图 7-10 "写块"对话框   图 7-11 "插入"对话框

（4）单击"确定"按钮。

（5）命令行提示为"指定插入点或[基准/(B)比例/(S)旋转(R)]："时，在轴线端点合适位置单击。

（6）命令行提示为"请输入轴线编号：<A>:"时，输入轴线编号 A，然后按 Enter键，给第一条水平轴线添加编号。

（7）用同样的方法插入其他轴线编号，效果如图 7-12 所示。

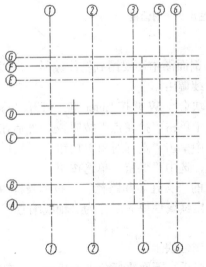

图 7-12 添加轴线编号

7.2.5 绘制墙线

墙线的绘制在建筑平面图中占有很重要的地位，因为墙是组成建筑物的主要构件，起承重、围护、分隔空间的主要作用。通常用"多线"命令绘制墙线，然后再编辑多线，最后在墙线中修剪出门窗洞口。

本平面图中用到两种多线样式，即墙体厚度为 240mm 的多线样式 Q24 和厚度为 120mm 的多线样式 Q12。在"A3 建筑"样板图中已经定义了多线样式 Q24，下面还需要定义多线样式 Q12。

微课 7-2-4

任务一　设置多线样式

(1) 选择"墙线"图层为当前图层。

(2) 设置"对象捕捉"方式为"端点"和"交点"。

(3) 执行菜单命令"格式"→"多线样式"，或在命令行输入 MLST 并按 Enter 键，弹出"多线样式"对话框，如图 7-13 所示。

(4) 单击"新建"按钮，打开"创建新的多线样式"对话框。由于墙体厚度为 120mm，故输入新样式名为"Q12"，如图 7-14 所示。

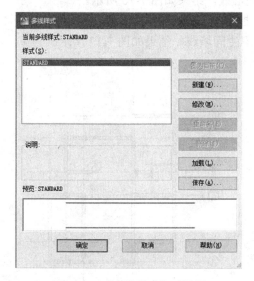

图 7-13　"多线样式"对话框　　　　　图 7-14　新建多线样式

(5) 单击"继续"按钮，在打开的"新建多线样式:Q12"对话框中，选择"起点"和"端点"的"封口"方式均为"直线"，将"图元"选项框中偏移量 0.5 改为 60，-0.5 改为-60，如图 7-15 所示。

(6) 单击"确定"按钮，Q12 的墙线样式定义完成。

任务二　绘制墙线

(1) 执行菜单命令"绘图"→"多线"，或在命令行输入 ML 并按 Enter 键。

(2) 命令行提示为"指定起点或[对正(J)/比例(S)/样式(ST)]："时，依次输入墙线样式为 Q24，对正类型为"无"，墙线比例为"1"。

全国高职高专"十三五"贯穿式＋立体化创新规划教材

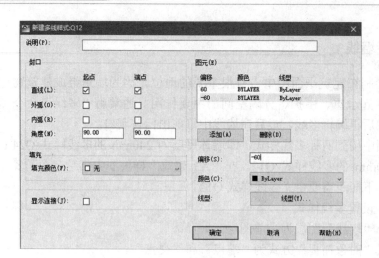

图 7-15　设置多线样式

(3) 用鼠标捕捉左下角轴线交点，向下追踪 120 后单击，按墙体走向，捕捉墙体轴线对应交点，绘制第一条墙线。

(4) 单击捕捉新的墙线起点，继续绘制其他墙线，结果如图 7-16 所示。

(5) 重复"多线"命令，命令行提示为"指定起点或[对正(J)/比例(S)/样式(ST)]："时，输入选项 ST，输入墙线样式为 Q12，绘制卫生间墙线，结果如图 7-17 所示。

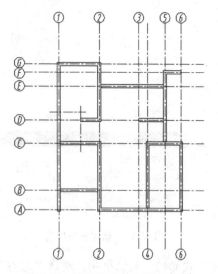

图 7-16　绘制样式为 Q24 的墙线

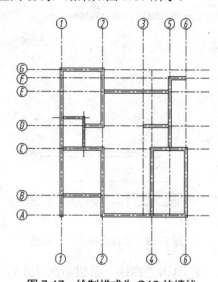

图 7-17　绘制样式为 Q12 的墙线

任务三　编辑墙线

(1) 双击墙线，或在命令行输入 MLEDIT 并按 Enter 键，打开"多线编辑工具"对话框，如图 7-18 所示。

(2) 选择"角点结合""T 形合并""十字合并"等工具按钮，对对应的墙线进行编辑，效果如图 7-19 所示。

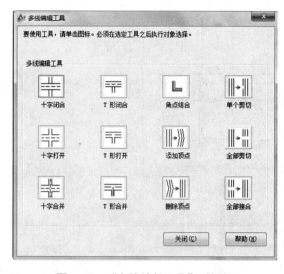

图 7-18　"多线编辑工具"对话框

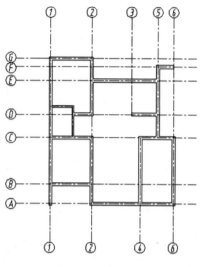

图 7-19　编辑多线

7.2.6　确定门窗洞口位置

绘制出墙体线之后，接下来要做的就是按照窗户和门框的大小和位置修剪出窗洞和门洞以便安装窗和门。

微课 7-2-5

(1) 执行"偏移"命令，按图 7-20 所示尺寸偏移出修剪线。

(2) 执行"修剪"命令，对墙体进行修剪，修剪出如图 7-21 所示的窗洞。

(3) 执行"偏移"和"修剪"命令，修剪出其他门窗洞口，结果如图 7-22 所示。

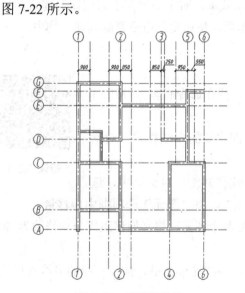

图 7-20　偏移修剪线

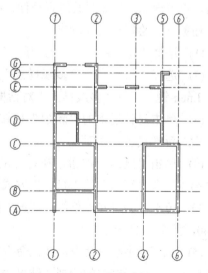

图 7-21　修剪窗洞

全国高职高专『十三五』贯穿式＋立体化创新规划教材

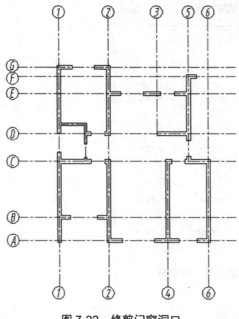

图 7-22　修剪门窗洞口

7.2.7　绘制和安装门窗

墙体绘制完成后即可开始进行门窗设计。门窗的种类、数量很多，其设计是根据空间的使用功能而定的。我国建筑设计规范对门窗的设计有具体的要求，因此在设计门窗时应该遵守这些设计规范和要求。

使用 AutoCAD 绘制建筑图形元素时，可以将它们设计为标准图块，然后将其插入到当前图形中，从而避免大量重复性工作，提高工作效率；对于不同大小的门窗等建筑图形元素，也可根据需要先对其进行拉伸、缩放等变形后，使用复制命令复制到建筑物中。

任务一　绘制和安装窗户

(1) 选择"窗"图层为当前图层。

(2) 选择"格式"→"多线样式"菜单命令，或在命令行输入 MLST 并按 Enter 键，打开"多线样式"对话框。

(3) 单击对话框中的"新建"按钮，打开"创建新的多线样式"对话框，输入新样式名为"C"。

微课 7-2-6

(4) 单击"继续"按钮，在打开的"新建多线样式:C"对话框中，选择"起点"和"端点"的"封口"方式均为"直线"，将"图元"选项框中偏移量 0.5 改为 120、−0.5 改为−120，单击"添加"按钮，增加两个图元，将其偏移距离分别修改为 40 和−40，如图 7-23 所示。

(5) 执行"多线"命令，或在命令行输入 ML 并按 Enter 键，捕捉相应的多线封口线和轴线交点，完成窗户的绘制，结果如图 7-24 所示。

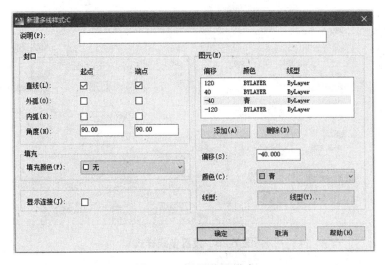

图 7-23 设置多线样式

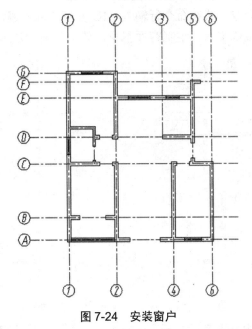

图 7-24 安装窗户

任务二 绘制客厅飘窗

(1) 选择"窗"图层为当前图层。

(2) 选择"格式"→"多线样式"菜单命令，或在命令行输入 MLST 命令，打开"多线样式"对话框。

(3) 单击对话框中的"新建"按钮，打开"创建新的多线样式"对话框，输入新样式名为"PC"。

微课 7-2-7

(4) 单击"继续"按钮，在打开的"新建多线样式:PC"对话框中，选择"起点"和"端点"的"封口"方式均为"直线"，将"图元"选项框中偏移量 0.5 改为 120、-0.5 改为 40，单击"添加"按钮，增加一条偏移线，并将偏移距离修改为 0，如图 7-25 所示。

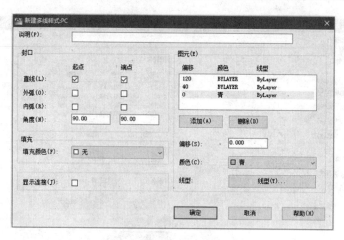

图 7-25　设置多线样式

（5）执行"偏移"命令，按图 7-26 给定的尺寸偏移轴线。

（6）执行"多线"命令，或在命令行输入 ML 并按 Enter 键，从飘窗位置右侧墙线下方端点开始，捕捉相应轴线交点，绘制客厅飘窗，效果如图 7-27 所示。

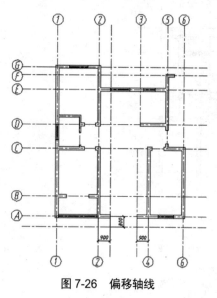

图 7-26　偏移轴线

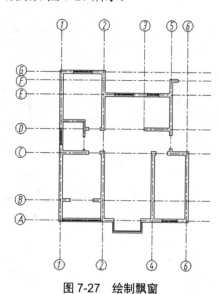

图 7-27　绘制飘窗

任务三　创建门块并安装门

（1）选择"门"图层为当前图层。

（2）执行"矩形"命令，绘制长 45、宽 900 的矩形。

（3）执行菜单命令"绘图"→"圆弧"→"圆心、起点、角度"，绘制以矩形右下角为圆心、右上角为起点、角度为 90°的圆弧，绘制宽 900mm、厚 45mm 的左开门，效果如图 7-28(a)所示。

（4）执行"镜像"命令，镜像得到如图 7-28(b)所示的右开门。

（5）用同样的方法，绘制宽为 1000 的左开门，效果如图 7-28(c)所示，再绘制宽为 500 的右开门，效果如图 7-28(d)所示。

微课 7-2-8

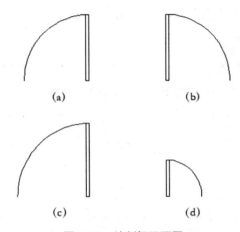

图 7-28　绘制门平面图

(6) 执行"创建块"命令，分别创建"门 1""门 2""门 3""门 4"4 个图块。

(7) 执行"插入块"命令，选择合适的门插入到对应的门洞上，如图 7-29 所示。

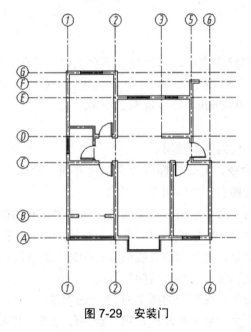

图 7-29　安装门

(8) 执行"矩形"命令，绘制长为 950、宽为 50 的两个矩形，完成卧室的推拉门的绘制。

(9) 执行"镜像"命令，镜像图形，并编辑镜像线处的墙线连接处。

(10) 执行"插入块"命令，安装楼宇门，并重新添加镜像的垂直轴线的编号，效果如图 7-30 所示。

全国高职高专「十三五」贯穿式+立体化创新规划教材

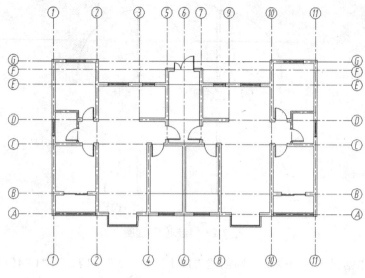

图 7-30　镜像单元户型

7.2.8　绘制楼梯

绘制楼梯，一般根据踏步宽度、踏步数、平台宽度等参数，用直线、偏移及阵列等命令即可绘制。在本例中，楼梯中间平台的宽度为1200mm，楼梯井的宽度为60mm，踏步宽为270mm。

微课 7-2-9

具体绘制步骤如下。

(1) 选择"楼梯"图层为当前图层。

(2) 执行"直线"命令，捕捉楼梯内墙左下角并向上追踪 1440 后单击，向右绘制直线到与楼梯右侧内墙相交。

(3) 选择"矩形阵列"命令绘制 6 行 1 列、行间距为 270 的楼梯踏步。

(4) 执行"偏移"命令，将楼梯间中心垂直定位轴线向左、向右分别偏移 30。

(5) 执行"分解"命令，将阵列的直线组分解为独立的直线。

(6) 将偏移后的定位轴线转换到"楼梯"图层。

(7) 执行"修剪"命令，修剪为如图 7-31 所示的效果。

(8) 执行"多段线"命令创建折断线，第一点为任意点，其余各点依次为(@1000,0)、(@100,300)、(@200,-600)、(@100,300)、(@1000,0)，效果如图 7-32 所示。

(9) 执行"对齐"命令，使折断线两个端点与楼梯线上两层的两个端点对齐，并基于对齐点缩放对象。

(10) 执行"修剪"命令，修剪楼梯图形。

(11) 执行"多段线"命令，绘制上、下楼梯指示方向箭头，箭头起点宽度为 0，端点宽度为 100，箭头长度为 300，箭尾长度根据需要确定。

(12) 执行"多行文字"命令，生成"上""下"两个文字，如图 7-33 所示。

绘制完楼梯的整体效果如图 7-34 所示。

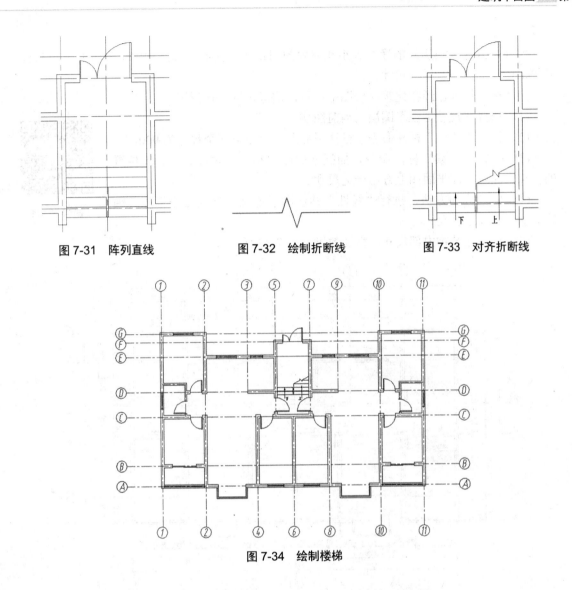

图 7-31　阵列直线　　　　　　图 7-32　绘制折断线　　　　　　图 7-33　对齐折断线

图 7-34　绘制楼梯

7.3　添加尺寸标注和文字注释

在绘制好的图形中必须添加尺寸标注、文字注释，以使整幅图形内容和大小一目了然。在进行尺寸标注之前要先对标注样式进行设置，使标注样式符合建筑制图的标注要求。

7.3.1　尺寸标注

在建筑平面图中，尺寸标注比较多，一般分为外部尺寸和内部尺寸。

一般在图形的下方及左侧标注 3 道外部尺寸：最里面一道是细部尺寸，表示建筑外墙上各细部的位置及大小，如门窗洞宽和位置、墙柱的大小和位置、窗间墙的宽度等；中间一道是轴线尺寸，表示轴线间的距离，用以说明房间的开间及进深尺寸；最外面一道是总尺寸，标注房屋的总长、总宽，即指从一端外墙轴线到另一端外墙轴线的总长度和总宽度

全国高职高专「十三五」贯穿式＋立体化创新规划教材

尺寸。

此外，为了说明房间的净空大小和室内的门窗洞、孔洞、墙厚和固定设备的大小与位置等，还需标注一些内部尺寸。

尺寸标注样式已经在建筑样板图中设置，这里可以直接调用。

(1) 选择"尺寸标注"图层为当前图层。

(2) 执行"线性"标注命令，标注平面图左上角第一个尺寸为900。

(3) 执行"连续"标注命令，捕捉平面图中相应的轴线、门、窗位置的交点，连续标注平面图上方第一道尺寸。

微课 7-3-1

(4) 用同样的方法，执行"线性"标注和"连续"标注命令标注各轴线间的尺寸及总体尺寸。

(5) 标注建筑物内部尺寸。标注效果如图7-35所示。

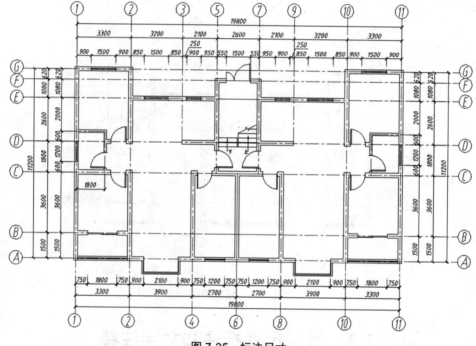

图 7-35　标注尺寸

7.3.2　文字注释

微课 7-3-2

对于建筑施工图中不能用图形来表达的部分或施工做法等，则需要详细的文字说明。文字注释是施工平面图的一项必不可少的内容，是对图纸进行的必要说明和补充。文字标注一般包括标题栏中的内容、施工图说明、房间功能、门窗代号等。

文字样式已经在建筑样板图中设置，这里可以直接调用。文字注释具体步骤如下。

任务一　添加房间功能文字

(1) 选择"文字注释"图层为当前图层。

(2) 执行"多行文字"命令，在合适位置单击并拖动一文本框，系统弹出"文字格式"对话框，用户可以在文本框中输入注释文字。在"文字格式"下拉列表框中选择"文字 500"，在文本框中输入房间功能文本"主卧"，如图 7-36 所示。

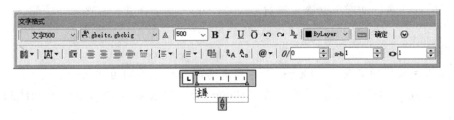

图 7-36　输入注释文字

(3) 单击"确定"按钮，输入完成。

(4) 用同样的方法，输入其他房间功能文本。完成文字注释后的效果如图 7-37 所示。

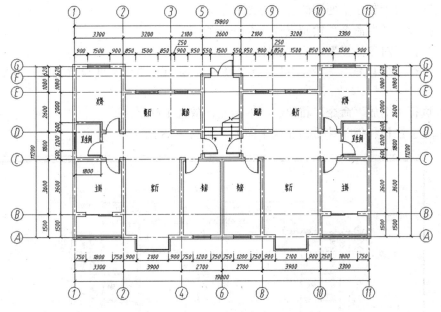

图 7-37　标注文字

任务二　添加说明文字

建筑样板图中已经定义了图框和标题栏，这里仅需要完成标题栏中的文字注释和施工说明等内容。

(1) 选择"文字注释"图层为当前图层。

(2) 执行"多行文字"命令，在合适位置单击并拖动一文本框，系统弹出"文字格式"对话框，用户可以在文本框中输入和编辑文字。在"文字格式"下拉列表框中选择"文字 700"，在文本框中输入文本"一层平面图"，单击"确定"按钮，完成文本输入，并将文本移动到合适位置。

微课 7-3-3

(3) 执行"直线"命令，在文本"一层平面图"下方绘制两条直线。

(4) 执行"多行文字"命令，选择"文字 700"文字样式，输入文本"1∶100"。

(5) 执行"多行文字"命令，选择"文字 700"文字样式，输入标题栏中的文本"一层平面图"和"运城职业技术学院"。

(6) 执行"多行文字"命令，选择"文字 500"文字样式，输入标题栏中的其他文本。

(7) 执行"多行文字"命令，选择"文字 500"文字样式，在图框下方输入下列文本内容。

说明：

1. 除进屋大门的宽度为 1000mm 外，所有房间门的宽度均为 900mm。

2. 除进屋大门距门后轴线距离为 350mm 外，所有房间的门距门后轴线距离均为 250mm。

7.3.3　绘制指北针

指北针是图纸上标识方向的符号，针尖指向北方，同时指针头部标注"北"或"N"字。指北针一般绘制在平面图的左下方或右下方。

(1) 执行"圆"命令，绘制直径为 24mm 的圆。

(2) 设置"对象捕捉"，将"象限点"选中。

(3) 执行"多段线"命令，将起点宽度设置为 0，端点宽度设置为 3，绘制指北针箭头。

(4) 执行"缩放"命令，将绘制好的指北针放大 100 倍。

添加文字注释和指北针后的建筑平面图，如图 7-38 所示。

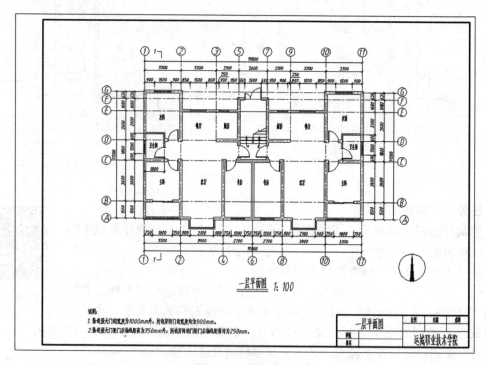

图 7-38　添加图框

课 后 练 习

1. 绘制标准层平面图。

一般来说，房屋有几层就应有几个平面图。若中间各楼层平面布局完全相同，可画一个标准层平面图。一般房屋有底层平面图、标准层平面图、顶层平面图，并在平面图下方应注明相应的图名及采用的比例即可。

请绘制本章中单元楼的标准层平面图，如图7-39所示。

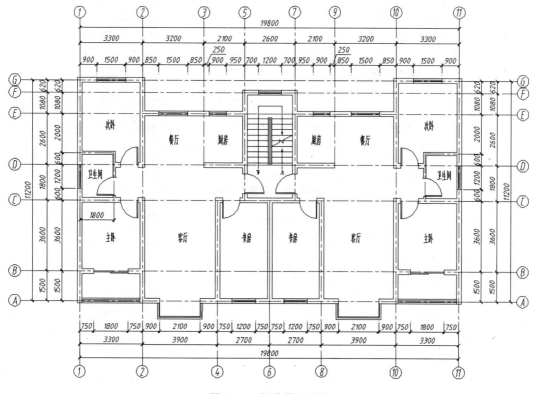

图7-39 标准层平面图

2. 平面布置图是建筑物布置方案的一种简明图解形式，用以表示建筑物、构筑物、设施、设备等的相对平面位置。

请绘制如图7-40所示的面布置图(利用AutoCAD中的"设计中心"插入平面布置图中的家具)。

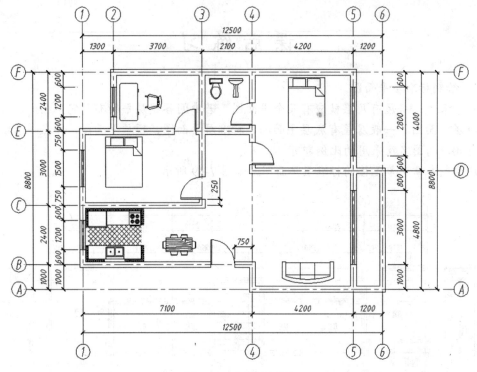

图 7-40 平面布置图

第8章 建筑立面图

本章着重介绍了建筑立面图的基本知识和建筑立面图的绘制过程，并以某个 3 层住宅楼的正立图为例，演示了如何利用 AutoCAD 绘制一个完整的建筑立面图的全过程。通过本章的学习，用户可以了解建筑立面图与平面图的区别与联系，以加深对建筑立面图的识读并掌握建筑立面图的绘制要求及步骤。

8.1 建筑立面图概述

绘制建筑立面图之前，首先要熟悉建筑立面图的定义、绘制内容、识读方法、绘制要求和绘制步骤。

8.1.1 建筑立面图的定义

建筑物在与建筑立面平行的铅直投影面上所作的正投影图称为建筑立面图，简称立面图。立面图反映房屋的外貌和立面装修做法，包括房屋的长、高、层数、门、窗、各种装饰线以及外墙面材料、色彩等，只绘出看得见的轮廓线。

图 8-1 所示为建筑立面图的形成示意图。

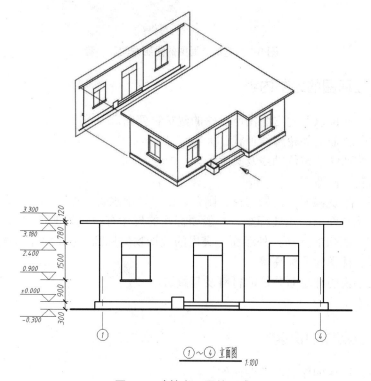

图 8-1 建筑立面图的形成

一幢建筑物是否美观、是否与周围环境协调，很大程度上取决于立面图上的艺术处理，包括建筑造型与尺度、装饰材料的选用、色彩的选用等内容；在施工图中立面图主要反映房屋各部位的高度、外貌和装修要求，是建筑外装修的主要依据。

立面图的数量与建筑物的平面形式及外墙的复杂程度有关，原则上需要画出建筑物每一个面的立面图。绘制的立面图是彼此分离的，不同方向的立面图必须独立绘制。

立面图的命名方式有 3 种：①用朝向命名，通常一幢建筑有 4 个朝向，立面图可以用朝向来命名，如东立面图、西立面图等；②根据主要出入口或外貌特征命名，如正立面图、背立面图、左立面图和右立面图等；③用建筑平面图中的首尾轴线命名，如①~⑧立面图或 A~E 立面图等。施工图中这 3 种命名方式都可使用，但每套施工图必须采用其中的一种方式命名。不论采用哪种命名方式，每一个立面图都应反映建筑的外貌特征。

图 8-2 所示为建筑立面图的投影方向和名称的标示图。

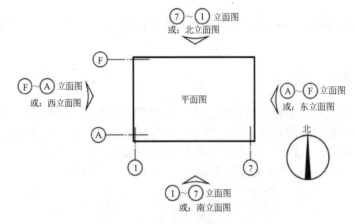

图 8-2 建筑立面图的投影方向和名称

8.1.2 建筑立面图的绘制内容

(1) 图名、比例以及此立面图所反映的建筑物朝向。

(2) 建筑物立面的外轮廓线形状、大小。

(3) 建筑物两端的定位轴线及其编号。

(4) 建筑物立面造型。

(5) 外墙上建筑构配件，如门窗、阳台、雨篷、雨水管、檐口等的位置和尺寸。

(6) 建筑物立面上的主要标高。一般要标注的尺寸有：室外地坪的标高；台阶顶面的标高；各层门窗洞口的标高；外墙面上突出的装饰物的标高；檐口部位的标高；屋顶上水箱、电梯机房、楼梯间的标高等。

(7) 用文字说明外墙面装修的材料及其做法。

(8) 详图索引符号。

8.1.3 建筑立面图的识读

(1) 明确立面图的图名和绘图比例。

(2) 定位轴线及其编号、建筑标高。

(3) 外墙面门、窗的种类、形式、数量。

(4) 外墙面的装饰情况和装饰材料。

(5) 立面墙的细部构造。

(6) 详图索引符号的位置及其作用。

8.1.4 建筑立面图的绘制要求

建筑立面图的绘制要求和建筑平面图相似。

(1) 图幅。与建筑平面图相同，建筑立面图的图纸也有 A0～A4 共 5 种，根据建筑物大小和绘图比例选择建筑图纸大小。

(2) 比例。用户可以根据建筑物的大小，采用不同的比例。与平面图相同，绘制建筑立面图常用的比例有 1∶50、1∶100 和 1∶200。一般采用 1∶100 的比例，当建筑物过大或过小时，也可以选择 1∶50 或 1∶200。

(3) 定位轴线。立面图一般只绘制首尾的轴线及其编号，以便与建筑平面图对照阅读，确定立面图的观测方向。

(4) 线型。为了加强立面图的表达效果，使建筑物轮廓突出、层次分明，在建筑立面图中，外墙轮廓线和层脊线采用粗实线；室外地坪线采用加粗实线；外墙面上的凹凸部位，如阳台、雨篷、线脚等采用中实线；其他部分，如门窗扇、雨水管等采用细实线。

(5) 图例。立面图一般也要采用图例来绘制图形。一般来说，立面图所有的构件都应该采用国家有关标准规定的图例来绘制，而相应的具体构件会在相应的建筑详图中采用较大的比例来绘制。常用构件及配件的图例可以查阅有关的建筑规范。

(6) 尺寸标注。建筑立面图主要标注各楼层及主要构件的标高，如楼层地面、窗台、门窗洞顶部、檐口中、阳台底部等处的标高尺寸。另外，在竖直方向还应标注 3 道尺寸：最外一道标注建筑物的总高尺寸；中间一道标注层高尺寸；最里面一道标注室内外高差、门窗洞高度、檐口高度等尺寸。

(7) 详图索引符号。一般建筑立面图的细部做法，均需要绘制详图，凡是需要绘制详图的地方都要标注详图符号。

8.1.5 建筑立面图的绘制步骤

在 AutoCAD 中，建筑立面图绘制的基本步骤如下。

(1) 创建新图形，设置绘图环境。

(2) 绘制定位轴线、室外地平线、建筑外轮廓线、各层的楼面线。

(3) 绘制立面门窗。

(4) 绘制墙面细部，如檐口线、阳台、窗台、壁柱、室外台阶、花池等。

(5) 尺寸标注和文字注释。

8.2 绘制建筑立面图

下面以绘制第 7 章中绘制的平面图的正立面图(图 8-3)为例，介绍建筑立面图的绘制方法。其他立面图的绘制方法可参照进行。

全国高职高专「十三五」贯穿式＋立体化创新规划教材

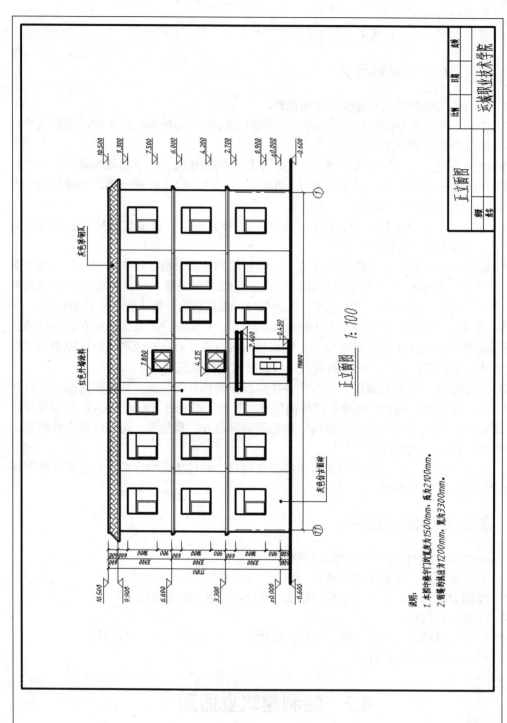

图 8-3　正立面图

8.2.1　打开样板图

(1) 启动 AutoCAD 绘图软件。

(2) 执行"文件"→"新建"命令菜单，打开"选择样板"对话框。

(3) 从"名称"列表框中选择"A3 建筑"，单击"打开"按钮，打开 A3 建筑样板图。

微课 8-2-1

8.2.2　设置图层

(1) 单击"图层"工具栏中"图层特性管理器"按钮，打开"图层特性管理器"对话框。

(2) 单击对话框中的"新建图层"按钮，在建筑样板图原有图层的基础上，新建"地坪线""轮廓线"和"檐口"3 个图层，删除"墙线"图层，如图 8-4 所示。

图 8-4　设置图层

8.2.3　绘制定位轴线

在绘制轮廓线和地坪线之前，首先需要绘制定位轴线。由于该建筑的正立面图关于楼宇门中线对称，可以先画一半立面图，之后利用镜像命令完成另一半立面图的绘制。定位轴线的绘制一般有两种方法：一种是利用"直线"和"偏移"命令进行绘制；另一种直接从平面图中复制定位轴线。这里采用第一种方法，具体步骤如下。

(1) 选择"轴线"图层为当前图层。

(2) 执行"直线"命令，在 A3 图框内左侧合适位置分别绘制长为 12800 和 12000 的两条垂直相交的辅助线作为定位轴线，如图 8-5 所示。

(3) 执行"偏移"命令，按如图 8-6 所示的尺寸偏移出全部水平定位轴线和垂直定位轴线。

(4) 执行"修剪"命令，修剪图中上方过长的线条。

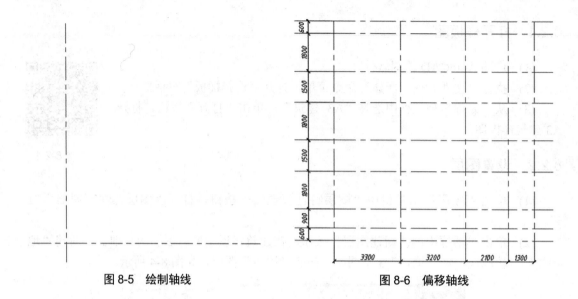

图 8-5　绘制轴线　　　　　　　　　　　图 8-6　偏移轴线

8.2.4　添加标高符号和轴线编号

对竖直轴线添加编号和对水平辅助线添加标高符号有助于绘图和识图时快速准确定位，特别是对于一些结构复杂的建筑物，最好在绘图之前添加轴线编号和标高符号。

微课 8-2-2

任务一　绘制标高符号

(1)　选择"尺寸标注"图层为当前图层。

(2)　使用"多段线"命令绘制标高符号。第一点为任意点，其他各点依次为(@1500,0)、(@-300,-300)和(@-300,300)，效果如图 8-7 所示。

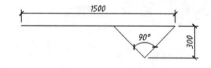

图 8-7　标高符号

任务二　定义标高符号块属性

(1)　选择"绘图"→"块"→"定义属性"菜单命令，打开"属性定义"对话框。

(2)　在"属性"选项组的"标记"文本框中输入"标高"，在"提示"文本框中输入"请输入标高："，在"默认"文本框中输入±0.000。

(3)　在"插入点"选项组中选中"在屏幕上指定"复选框。

(4)　在"文字设置"选项组的"文字样式"下拉列表框中选择"文字 350"，其他选项采用默认值，如图 8-8 所示。

(5)　单击"确定"按钮，在绘图窗口中确定插入点的位置。完成属性块的定义，同时在图中定义的位置将显示出该属性的标记，如图 8-9(a)所示。

(6)　用同样的方法绘制右标高符号并定义其属性，结果如图 8-9(b)所示。

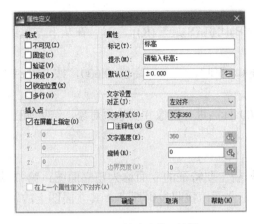

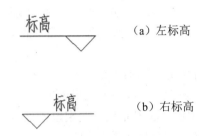

（a）左标高

（b）右标高

图 8-8 "属性定义"对话框

图 8-9 标高符号属性块

任务三 写块

由于在后续的剖面图中还要用到标高符号，所以，这里使用"写块"命令将该属性块写入磁盘，以备后续调用。

(1) 在命令行中输入 W 并按 Enter 键，打开"写块"对话框。

(2) 在"基点"选项组中单击"拾取点"按钮，然后单击标高符号中三角形下方顶点。

(3) 在"对象"选项组中单击"选择对象"按钮，然后选择标高属性块；选中"保留"单选按钮。

(4) 在"目标"选项组的"文件名和路径"下拉列表框中输入属性块的保存位置和属性块的名称"标高符号-左"，如图 8-10 所示。

(5) 单击"确定"按钮。

(6) 用同样的方法定义属性块"标高符号-右"。

任务四 插入标高符号属性块

(1) 执行"插入块"命令，打开"插入"对话框。

(2) 单击"浏览"按钮，选择创建的属性块"标高符号-左"并打开。

(3) 在"插入点"选项组中选中"在屏幕上指定"复选框，如图 8-11 所示。

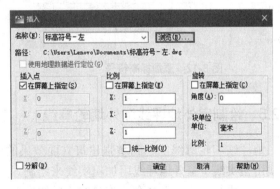

图 8-10 "写块"对话框

图 8-11 "插入"对话框

(4) 单击"确定"按钮。

(5) 命令行提示为"指定插入点或[基准/(B)比例/(S)旋转(R)]:"时，在从下方起第一根水平轴线左侧端点处单击。

(6) 命令行提示为"请输入标高：<±0.000>:"时，输入标高值-0.600，按 Enter 键。

(7) 同样的方法，插入其他标高符号。

(8) 执行"镜像"命令，将标高值为-0.600 标高进行镜像并删除原对象，结果如图 8-12 所示。

任务五　添加轴线编号

一般把建筑物主要入口面或反映建筑物外貌主要特征的立面称为正立面图，第 7 章建筑平面图中 G 号定位轴线定位的外墙立面为正立面，按照投影原理，其立面图上的轴线编号为从左到右是逆序排序的。

建筑平面图中已经将轴线编号以属性块的形式写入，这里可以直接调用。

(1) 执行"插入块"命令，打开"插入"对话框。

(2) 单击"浏览"按钮，选择创建的属性块"轴线编号"并打开。

(3) 在"插入点"选项组中选中"在屏幕上指定"复选框。

(4) 单击"确定"按钮。

(5) 命令行提示为"指定插入点或[基准/(B)比例/(S)旋转(R)]："时，在第一条轴线端点合适位置单击。

(6) 在命令行"请输入轴线编号：<1>:"提示下输入轴线编号 11，然后按 Enter 键。

(7) 用同样的方法逆序插入其他轴线编号，效果如图 8-13 所示。

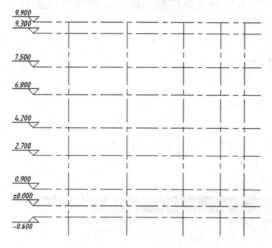

图 8-12　添加标高符号

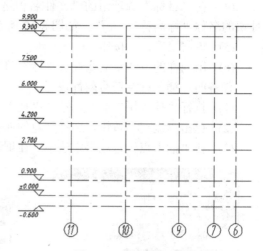

图 8-13　添加轴线编号

8.2.5　绘制室外地坪线和外墙轮廓线

地坪线和轮廓线能起到增强建筑立面效果的作用，一般情况下外墙轮廓线用粗实线、室外地坪线用加粗实线来绘制。

(1) 执行"偏移"命令，将最左侧轴线向左偏移 120mm，得到外墙轮

微课 8-2-3

廓线位置，如图 8-14 所示。

  (2) 选择"轮廓线"图层为当前图层，执行"直线"命令，绘制轮廓线。

  (3) 删除偏移轴线。

  (4) 选择"地坪线"图层为当前图层，执行"直线"命令绘制地坪线。效果如图 8-15 所示。

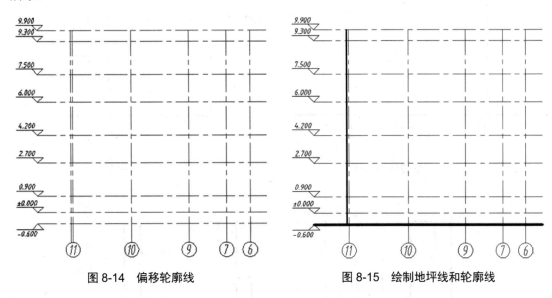

图 8-14　偏移轮廓线　　　　　　　图 8-15　绘制地坪线和轮廓线

8.2.6　确定立面门窗位置

  绘制立面门窗主要是要确定门窗的洞口在建筑立面的具体位置，首先要根据建筑立面图与建筑平面图的投影关系，确定门窗的宽度，然后再根据设计尺寸确定门窗的高度。

  (1) 选择"轴线"图层为当前图层。

  (2) 执行"偏移"命令，根据图 8-16 所示尺寸通过偏移轴线得到确定窗户位置的竖向辅助线，从而确定各层窗户的位置。

微课 8-2-4

  (3) 执行"矩形"命令，根据横向辅助线和竖向辅助线的交点位置，确定各楼层窗户的大小和位置，如图 8-17 所示。

  (4) 执行"镜像"命令，以编号为 6 的轴线作为镜像线，镜像全部图形。

  (5) 删除全部左侧标高和右侧镜像出来的轴线编号，效果如图 8-18 所示。

  (6) 执行"偏移"命令，将标高为 2.700 和 6.000 的辅助线分别向上偏移 615 和 600，标高为 4.200 和 7.500 的辅助线分别向上偏移 315 和 300。

  (7) 执行"矩形"命令，根据横向辅助线和竖向辅助线的位置，确定楼梯间窗户的位置，结果如图 8-19 所示。

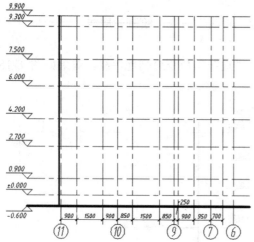

图 8-16　偏移竖向辅助线

图 8-17　绘制窗框

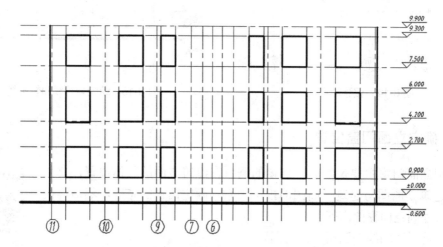

图 8-18　镜像图形并修改编号

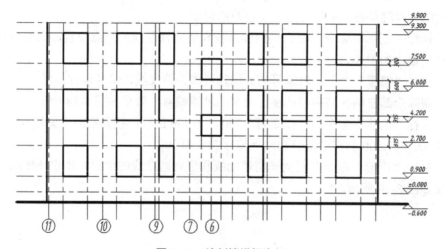

图 8-19　绘制楼梯间窗框

8.2.7 绘制和安装立面门窗

任务一 绘制窗户

墙体绘制完成后，即可开始进行门窗设计。按照图 8-20 所示尺寸，分别绘制卧室餐厅窗户、厨房窗户、楼梯间窗户。窗户绘制过程较为简单，这里不再说明。

微课 8-2-5

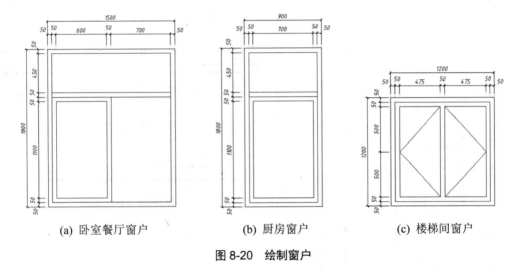

(a) 卧室餐厅窗户　　　　　(b) 厨房窗户　　　　　(c) 楼梯间窗户

图 8-20 绘制窗户

任务二 安装窗户

(1) 执行"插入块"命令。

(2) 根据窗洞位置和窗户规格，捕捉窗户左下角点对齐窗框左下角点安装窗户，效果如图 8-21 所示。

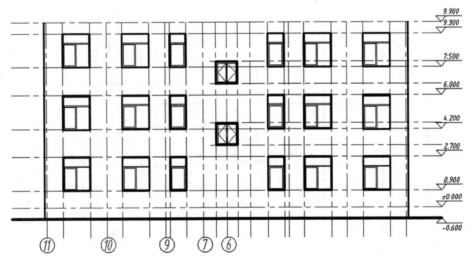

图 8-21 安装窗户

任务三　绘制台阶和楼宇门

(1) 利用"直线""偏移"及"圆"命令，根据图 8-22 所示的楼宇门尺寸、图 8-23 所示的雨篷尺寸、图 8-24 所示的台阶尺寸要求，分别绘制楼宇门、雨篷和台阶。

(2) 执行"块"命令，将台阶制作为块，拾取点选中台阶下方水平直线的中点，将台阶插入到编号为 6 的轴线和室外地坪线的交点位置，如图 8-25 所示。

微课 8-2-6

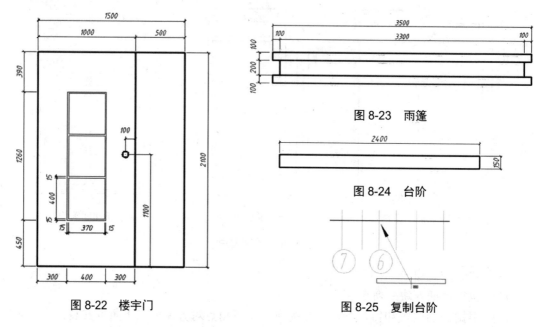

图 8-22　楼宇门

图 8-23　雨篷

图 8-24　台阶

图 8-25　复制台阶

(3) 用同样的方法，将楼宇门和雨篷移动到图 8-26 所示位置。

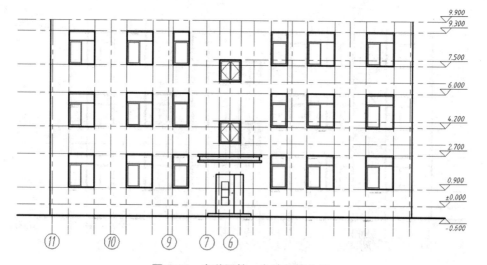

图 8-26　安装雨篷、台阶和楼宇门

8.2.8 绘制檐口

微课 8-2-7

(1) 执行"直线"命令，按图 8-27 所示尺寸绘制檐口线(由于檐口线较长，结构也较为简单，这里为了显示清楚细节，采用截断的方法进行绘制，实际绘制时应按标注的实际尺寸进行绘制)。

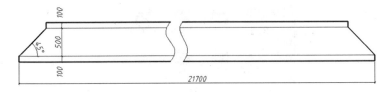

图 8-27 绘制檐口线

(2) 执行"移动"命令，捕捉檐口线从下方数第二根水平线中点，对齐标高为 9.900 的辅助线和楼梯间窗户中间轴线的交点，将檐口线移动到房顶位置。

(3) 执行"修剪"命令，对外墙轮廓线超出檐口线的部分进行修剪。

(4) 删除除编号为 1 和 11 以外的所有定位轴线。

(5) 执行"插入块"命令，给最右侧轴线添加编号 1，如图 8-28 所示。

(6) 执行"图案填充"命令，打开"图案填充和渐变色"对话框。

(7) 单击"图案填充"选项卡"图案"选项后的 按钮，打开"填充图案选项板"对话框，选择填充图案为"其他预定义"选项卡中的"AR-HBONE"图案，如图 8-29 所示。

(8) 单击"确定"按钮，返回"图案填充和渐变色"对话框。

(9) 在"图案填充和渐变色"对话框中，将"比例"设置为一个合适的值，完成挑檐图案填充，如图 8-30 所示。

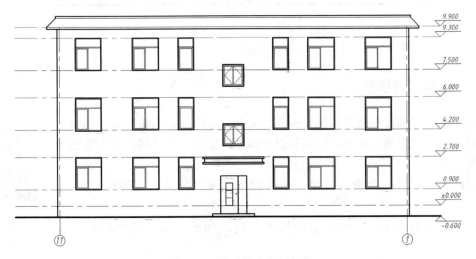

图 8-28 移动檐口线到房顶

全国高职高专『十三五』贯穿式＋立体化创新规划教材

图 8-29 "填充图案选项板"对话框

图 8-30 填充图案

8.2.9 绘制墙面细部

(1) 执行"偏移"命令,选择标高为 6.000 的辅助线,向上偏移 600。

(2) 执行"直线"命令,沿偏移出的辅助线绘制一条两端与外墙轮廓线对齐的直线。

(3) 执行"偏移"命令,将上一步绘制的直线分别向下偏移 100 和 200。

微课 8-2-8

(4) 选择标高为 6.600m 处绘制的直线,利用夹点将其两端各延长 200。

(5) 选择向下偏移 100 的直线,利用夹点将其两端各延长 200。

(6) 选择向下偏移 200 的直线,利用夹点将其两端各延长 100。

(7) 执行"直线"命令绘制 4 条垂线,将延长的直线闭合,完成立面图楼层间造型线的绘制,如图 8-31 所示。

图 8-31　绘制楼层间造型线

(8)　删除全部水平辅助线。

(9)　选择 "0" 图层为当前图层。

(10) 执行 "多段线" 命令，沿左侧外墙外边线绘制一条多段线。

(11) 执行 "镜像" 命令，以 11 号轴线右侧窗户的中线为对称线，镜像多段线。

(12) 执行 "偏移" 命令，将 11 号轴线向右偏移 8600mm。

(13) 执行 "复制" 命令，选择沿左侧外墙绘制的多段线，以 11 号轴线与地坪线的交点为基点，将其复制到偏移轴线与地坪线的交点位置。

(14) 删除偏移的轴线。

(15) 执行 "镜像" 命令，选择楼房左侧镜像和复制的竖向造型线，以整个立面的中心线为对称轴，镜像出楼房右侧的两条竖向造型线，如图 8-32 所示。

(16) 执行 "修剪" 命令，修剪掉中间两条竖向造型线中通过雨篷的部分。

图 8-32　绘制竖向造型线

8.3 添加尺寸标注和文字注释

8.3.1 尺寸标注

建筑立面图的尺寸标注主要是为了标注建筑物的竖向高度,应该显示各主要构件的位置和标高,如室内外地坪标高、层高、门窗洞口标高等。

标注样式已在第 6 章的建筑样板图中定义好,这里可以直接使用。

任务一 添加尺寸标注

(1) 执行"线性"标注和"连续"标注命令,标注各层窗户的高度和窗户与楼层或窗户与室内地坪线之间的距离。

(2) 执行"线性"标注和"连续"标注命令,标注各楼层的高度。

(3) 执行"线性"命令,标注建筑物的总高度。

(4) 执行"线性"命令,标注首尾轴线之间的距离。

微课 8-3-1

任务二 添加楼层标高

(1) 执行"插入块"命令,在打开的"插入"对话框中单击"浏览"按钮,选择"标高符号-左",在室外地坪线、室内地坪线、各楼层及檐口线位置处依次插入标高符号。

(2) 重复"插入块"命令,在窗户、雨篷、台阶位置添加标高符号,效果如图 8-33 所示。

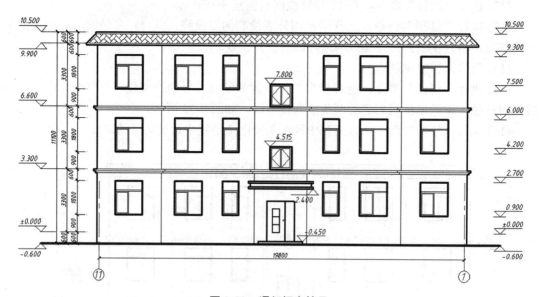

图 8-33 添加标高符号

8.3.2 文字注释

建筑立面图应标注房屋外墙面各部分的装饰材料、具体做法、色彩等,用引线引出并加以文字说明。

文字样式已在第 6 章的建筑样板图中定义好,这里可以直接使用。

任务一 材质做法说明

(1) 单击"多重引线样式"按钮，或在命令行输入 MLS 并按 Enter 键，打开"多重引线样式管理器"对话框。

(2) 在"引线格式"选项卡中选择箭头符号为"点"，箭头大小为 200；在"引线结构"选项卡中设置"最大引线点数"为 3；在"内容"选项卡中单击"文字样式"下拉按钮，在打开的下拉列表中选择"文字 500"，"引线连接"方式为"水平连接"，并设置"连接位置-左"为"最后一行加下划线"和"连接位置-右"为"最后一行加下划线"。

微课 8-3-2

(3) 单击"多重引线"按钮，或在命令行输入 MLEA 并按 Enter 键。

(4) 命令行提示为"指定引线箭头的位置或[引线基线优先(L)/内容优先(C)/选项(O)]："时，单击墙面中间任一位置。

(5) 命令行提示为"指定下一点："时，鼠标指针垂直向上超出房顶位置后单击。

(6) 命令行提示为"指定引线基线的位置："时，水平向右单击。

(7) 在弹出的引线内容文本框中输入"红色外墙涂料"，单击"文字样式"工具栏中的"确定"按钮。

(8) 用同样的方法添加其他引线标注，效果如图 8-34 所示。

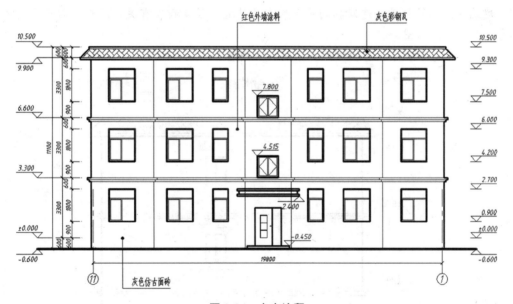

图 8-34 文字注释

任务二 添加说明文字

与建筑平面图一样，立面图绘制完成后，也需要注明图名、比例和添加技术说明等内容。

(1) 选择"文字注释"图层为当前图层。

(2) 执行"多行文字"命令，在合适位置单击并拖动一文本框，系统弹出"文字格式"对话框，用户可以在文本框中输入和编辑文字。在文字

微课 8-3-3

全国高职高专「十三五」贯穿式＋立体化创新规划教材

格式下拉列表框中选择"文字 700"，在文本框中输入文本"正立面图"，单击"文字格式"工具栏中的"确定"按钮，完成文本输入，并将文本移动到合适位置。

(3) 执行"直线"命令，在文本"正立面图"下方绘制两条直线。

(4) 执行"多行文字"命令，选择"文字 500"文字样式，输入文本"1∶100"。

(5) 执行"多行文字"命令，选择"文字 700"文字样式，输入标题栏中的文本"一层平面图"和"运城职业技术学院"。

(6) 执行"多行文字"命令，选择"文字 500"文字样式，输入标题栏中的其他文本。

(7) 执行"多行文字"命令，选择"文字 500"文字样式，在图框下方输入下列文本内容。

说明：

1. 本图中楼宇门的宽度为 1500mm，高为 2100mm。

2. 雨篷的挑出为 1200mm，宽为 3300mm。

课 后 练 习

建筑立面图的数量与建筑物的平面形式及外墙的复杂程度有关，原则上需要画出建筑物每一个面的立面图。

请绘制本章中 3 层楼房的右侧立面图，如图 8-35 所示。

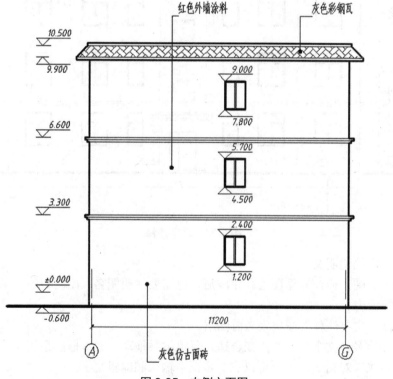

图 8-35　右侧立面图

第 9 章　建筑剖面图

本章着重介绍了建筑剖面图的基本知识和建筑剖面图的绘制过程，并通过实例演示了如何利用 AutoCAD 绘制一个完整的建筑剖面图。通过本章的学习，用户可以了解建筑剖面图与建筑平面图以及剖面图与立面图的对应关系，并独立完成建筑剖面图的绘制。

9.1　建筑剖面图概述

绘制建筑剖面图之前，首先要熟悉建筑剖面图的定义、绘制内容、识读方法、绘制要求和绘制步骤。

9.1.1　建筑剖面图的定义

建筑剖面图是通过使用一个假想的铅垂切面将房屋剖开后所得的立面视图，简称剖面图。剖面图可以更清楚地表达复杂建筑物内部结构与构造形式、分层情况和各部位的联系、材料及其标高等信息。

图 9-1 所示为建筑剖面图的形成示意图。

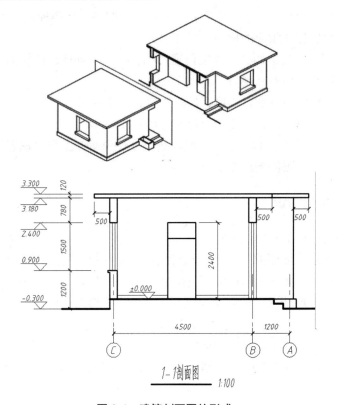

图 9-1　建筑剖面图的形成

　　建筑剖面图主要用来表示建筑内部的结构构造、垂直方向的分层情况，各层楼地面、屋顶的构造及相关尺寸、标高等。建筑平面图、建筑立面图、建筑剖面图是相互配套的，都是表达建筑物整体概况的基本样图之一。

　　为了清楚地反映建筑物的实际情况，建筑剖面图的剖切位置一般选择在建筑物内部构造复杂或者具有代表性的位置。一般来说，剖切平面应该平行于建筑物长度或者宽度方向，最好能通过门、窗、楼梯等位置。一般投影方向向左或者向上。剖视图宜采用平行剖切面进行剖切，从而表达出建筑物不同位置的构造异同。

　　结构简单的建筑物，可能绘制一两个剖切面就行了，但有的建筑物结构复杂，其内部功能又没有什么规律性，此时，需要绘制从多个位置剖切的剖切面才能满足要求。有的建筑物结构对称，剖面图可以只绘制一半。

9.1.2　建筑剖面图的绘制内容

　　(1)　外墙(或柱)的定位轴线和编号。

　　(2)　建筑物内部的分层情况。

　　(3)　建筑物各层层高和水平向间隔。

　　(4)　被剖切的室内外地面、楼板层、屋顶层、内外墙、楼梯以及其他被剖切的构件的位置、形状和相互关系。

　　(5)　投影可见部分的形状、位置。

　　(6)　未经剖切、但在剖视图中应看到的建筑物构配件，如楼梯扶手、窗户等。

　　(7)　剖面图中应标注相应的标高与尺寸。

　　①　标高：应标注被剖切到的外墙门窗口的标高，室外地面的标高、檐口、女儿墙顶的标高，以及各层楼地面的标高。

　　②　尺寸：应标注门窗洞口高度、层间高度和建筑总高 3 道尺寸，室内还应注出内墙体上门窗洞口的高度以及内部设施的定位和定形尺寸。

　　(8)　楼地面、屋顶各层的构造，一般在建筑设计说明的工程做法表里体现或者可以用引出线说明楼地面、屋顶的构造做法。

9.1.3　建筑剖面图的识读

　　(1)　阅读图名、比例和轴线编号。

　　(2)　与建筑底层平面图的剖切标注相对照，明确剖视图的剖切位置和投射方向，大致了解建筑被剖切的部分和未被剖切但可见部分。

　　(3)　建筑物的分层情况，内部空间组合、结构构造形式、墙、柱、梁板之间的相互关系和建筑材料。

　　(4)　建筑物投影方向上可见的构造。

　　(5)　建筑物标高、构配件尺寸、建筑剖面图文字说明。

　　(6)　详图索引符号。

9.1.4 建筑剖面图的绘制要求

建筑剖面图的绘制要求与建筑立面图相似，主要有以下几点。

(1) 图幅。与建筑平面图相同，建筑剖面图的图纸也有 A0～A4 共 5 种，根据建筑物大小和绘图比例选择图幅的大小。

(2) 比例。用户可以根据建筑物的大小，采用不同的绘图比例。与平面图相同，绘制剖面图常用的比例有 1∶50、1∶100 和 1∶200。一般采用 1∶100 的比例，当建筑物过大或过小时可以选择 1∶50 或 1∶200。

(3) 定位轴线。剖面图一般需要绘制剖切到的墙及定位柱的轴线及其编号，与建筑底层平面图相对照，方便阅读。

(4) 线型。在建筑剖面图中，被剖切的轮廓线采用粗实线表示，其余构配件采用细实线表示，被剖切构配件的内部材料也应该得到表示，如楼梯，在剖面图中应该表现出其内部材料。

(5) 图例。剖面图一般也要采用图例来绘制图形。一般来说，剖面图上的所有构件，如门、窗等，都应该采用国家有关标准规定的图例来绘制，而相应的具体构件会在相应的建筑详图中采用较大的比例来绘制。常用构件及配件的图例可以查阅有关的建筑规范。

(6) 尺寸标注。在建筑剖面图中，主要标注建筑物的标高，具体为室外地坪、窗台、门、窗洞口、各层层高、房屋建筑物的总高度。

(7) 详图索引符号。一般建筑剖面图的细部做法，如屋顶檐口、雨水口等构造均需要绘制详图。在建筑剖面图中，凡是需要绘制详图的地方都要标注详图符号。

9.1.5 建筑剖面图的绘制步骤

在 AutoCAD 中，建筑剖面图绘制的基本步骤如下。
(1) 创建新图形，设置绘图环境。
(2) 绘制定位轴线以及被剖切到的外墙轮廓线、各层的楼面线和楼板厚度。
(3) 绘制被剖切到的楼梯及休息平台及阳台、檐口等。
(4) 绘制门窗。
(5) 绘制剖开房间后向可见方向投影，所看到的投影。
(6) 绘制标高辅助线及标高。
(7) 尺寸标注和文字注释。

9.2 绘制建筑剖面图

下面以绘制第 7 章建筑平面图的通过轴线 1-1 垂直剖切面的剖面图(图 9-2)为例，介绍建筑剖面图的绘制方法。其他剖面图的绘制方法可参照进行。

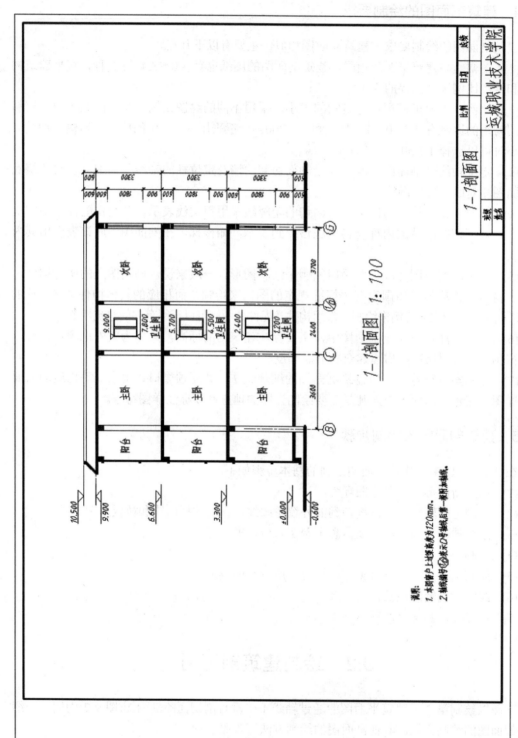

图 9-2　建筑剖面图

9.2.1　打开样板图

(1) 启动 AutoCAD 绘图软件。

(2) 选择"文件"→"新建"菜单命令，打开"选择样板"对话框。

(3) 从"名称"列表框中选择"A3 建筑"，单击"打开"按钮，打开
A3 建筑样板图。

微课 9-2-1

9.2.2　设置图层

(1) 单击"图层"工具栏中"图层特性管理器"按钮，打开"图层特性管理器"对
话框。

(2) 单击对话框中的"新建图层"按钮，在建筑样板图原有图层的基础上，新建"地
坪线""轮廓线""楼板"和"檐口"4 个图层，如图 9-3 所示。

图 9-3　设置图层

9.2.3　绘制定位轴线

在绘制剖面图之前，首先根据平面图的剖切符号确定剖切位置，分析所要绘制的剖面
图中哪些是剖到的，哪些是看到的，做到心中有数、有的放矢。本例剖面图的剖切位置，
大家可查找第 7 章图 7-3 获得。

(1) 选择"轴线"图层为当前图层。

(2) 执行"直线"命令，在 A3 图框内合适位置，分别绘制水平长度为
15000 和垂直长度为 12000 的两条垂直相交的辅助线作为定位轴线，如
图 9-4 所示。

(3) 执行"偏移"命令，按图 9-5 所示尺寸偏移出全部水平定位轴线
和垂直定位轴线。

(4) 执行"修剪"命令，修剪图中上方过长的直线。

微课 9-2-2

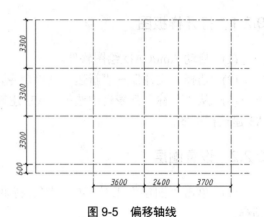

图 9-4　绘制轴线　　　　　　　　图 9-5　偏移轴线

9.2.4　添加轴线编号和标高符号

对竖直轴线添加编号和对水平轴线添加标高符号有助于绘图和识图时快速、准确定位，特别是对于一些结构复杂的建筑物，最好在绘图之前添加轴线编号和标高符号。

任务一　添加轴线编号

建筑平面图中已经将轴线编号以属性块的形式写入，这里可以直接调用。

从第 7 章的建筑平面图可以看出，绘制 1-1 剖面图，通过的轴线有 B、C 和 G 以及 D 轴线后的第一根附加轴线 1/D。

(1)　执行"插入块"命令，打开"插入"对话框。

(2)　单击"浏览"按钮，选择创建的属性块"轴线编号"并打开。

(3)　在"插入点"区域中选中"在屏幕上指定"复选框，如图 9-6 所示。

图 9-6　"插入"属性块对话框

(4)　单击"确定"按钮。

(5)　命令行提示为"指定插入点或[基准/(B)比例/(S)旋转(R)]："输入选项 B，然后指定圆周上最上面的象限点作为基点，再选择轴线端点作为插入点。

(6)　命令行提示为"请输入轴线编号：<1>："时，输入轴线编号 B，然后按 Enter 键。

（7）用同样的方法，插入其他轴线编号 C 和 G。

任务二　绘制并添加附加轴线编号

从左侧数第三条定位轴线为次要位置的轴线，采用附加定位轴线的编号。由于是定位轴线 D 后的第一条附加轴线，所以其编号应为 1/D。其绘制方法如下。

（1）执行"圆"命令，绘制一半径为 400 的圆。

（2）执行"直线"命令，捕捉圆周上下的两个象限点，绘制一条过圆心的水平直径。

（3）执行"旋转"命令，将水平直径旋转 45°。

（4）执行"多行文字"命令，选择"文字样式"为"文字 350"，分别输入 1 和 D，绘制的附加轴线编号如图 9-7 所示。

（5）执行"移动"命令，将绘制好的附加轴线编号移动到第三条轴线下方。添加轴线编号后的结果如图 9-8 所示。

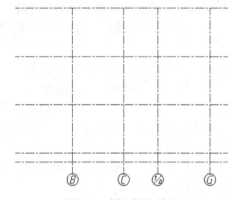

图 9-7　附加轴线编号　　　　　　图 9-8　插入轴线编号

任务三　添加标高符号

建筑立面图中已经将标高符号以属性块的形式写入磁盘，这里可以直接调用插入。

（1）执行"插入块"命令，打开"插入"对话框。

（2）单击"浏览"按钮，选择创建的属性块"标高符号-左"并打开。

（3）在"插入点"选项组中选中"在屏幕上指定"复选框。

（4）单击"确定"按钮。

（5）命令行提示为"指定插入点或[基准/(B)比例/(S)旋转(R)]："时，在从下方起第一条水平轴线左侧端点处单击。

（6）命令行提示为"请输入标高：<±0.000>："时，输入标高值-0.600，按 Enter 键。

（7）用同样的方法插入其他标高符号。

（8）执行"镜像"命令，将标高值为-0.600 标高进行镜像并删除原对象，结果如图 9-9 所示。

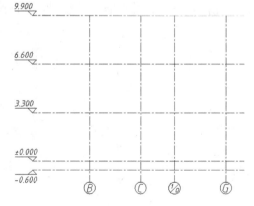

图 9-9　插入标高符号

9.2.5 绘制剖面墙线和楼面线

本剖面图中用到两种多线样式，即墙体厚度为 240mm 的多线样式 Q24 和厚度为 120mm 的多线样式 Q12。在"A3 建筑"样板图中已经定义了多线样式 Q24，下面还需要定义多线样式 Q12。

任务一　设置多线样式

(1) 选择"墙线"图层为当前图层。

(2) 在状态栏设置"对象捕捉"方式为"端点"和"交点"。

(3) 执行菜单命令"格式"→"多线样式"，或在命令行输入 MLST 并按 Enter 键，弹出"多线样式"对话框。

微课 9-2-3

(4) 单击"新建"按钮，打开"创建新的多线样式"对话框。由于墙体厚度为 120mm，故输入新样式名为"Q12"。

(5) 单击"继续"按钮，在打开的"新建多线样式"对话框中，选择"起点"和"端点"的"封口"方式均为"直线"，将"图元"选项框中偏移量 0.5 改为 60、-0.5 改为-60。

(6) 单击"确定"按钮，Q12 的墙线样式定义完成。

任务二　绘制剖面墙线和室外地坪线

(1) 执行菜单命令"绘图"→"多线"，或在命令行输入 ML 并按 Enter 键。

(2) 命令行提示为"指定起点或[对正(J)/比例(S)/样式(ST)]："时，输入选项 ST，输入墙线样式为 Q24。

(3) 命令行提示为"指定起点或[对正(J)/比例(S)/样式(ST)]："时，输入选项 J，将墙体对正类型设置为"无"。

(4) 命令行提示为"指定起点或[对正(J)/比例(S)/样式(ST)]："时，输入选项 S，设置绘制墙线的比例为"1"。

(5) 绘制轴线编号为 B、C 和 G 所在位置的墙线。

(6) 重复"多线"命令，命令行提示为"指定起点或[对正(J)/比例(S)/样式(ST)]："时，输入选项 ST，输入墙线样式为 Q12，绘制轴线编号为 1/D 的墙线，结果如图 9-10 所示。

(7) 选择"地坪线"图层为当前图层。

(8) 执行"直线"命令，绘制室外地坪线，效果如图 9-11 所示。

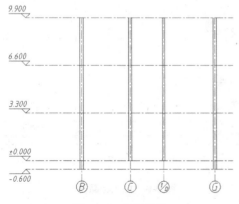

图 9-10　绘制墙线

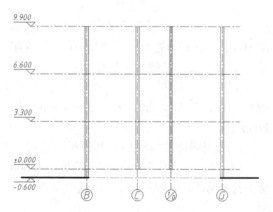

图 9-11　绘制室外地坪线

任务三　绘制楼板和室内地坪线

(1) 执行"偏移"命令，将标高±0.000处的水平直线向下偏移120mm，得到底层地面的垫层；将标高3.300处水平直线向下偏移100mm，得到楼板的厚度。

(2) 将标高3.300处水平直线向下偏移400mm得到梁的高度，偏移出地板和楼板后的效果如图9-12所示。

(3) 选择"楼板"图层为当前图层。

(4) 执行"多段线"命令，将本层的梁板围一圈使其成为一个整体。

(5) 重复"多段线"命令，将地板围一圈使其成为一个整体。

(6) 删除偏移的辅助线，效果如图9-13所示。

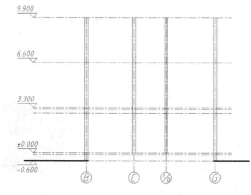

图9-12　偏移辅助线

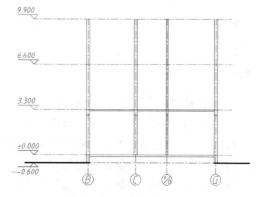

图9-13　绘制地板和梁板

(7) 执行"图案填充"命令，单击"样例"图案，弹出"填充图案选项板"对话框，切换到"其他预定义"选项卡，选择"SOLID"图案，如图9-14所示，单击"确定"按钮。

(8) 单击对话框中"添加：拾取对象"按钮，在编辑的剖面图中选择室内地板区域。

(9) 用同样的方法，对梁板区域进行填充。填充后的效果如图9-15所示。

(10) 执行"复制"命令，将标高3.300处填充图案后的梁板复制到标高6.600、9.900两处，效果如图9-16所示。

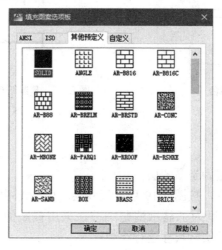

图9-14　"填充图案选项板"对话框

全国高职高专"十三五"贯穿式+立体化创新规划教材

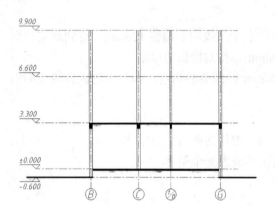

图 9-15　填充地板和标高为 3.300 的梁板

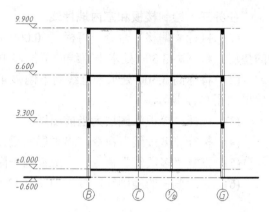

图 9-16　复制梁板到其他楼层

9.2.6　绘制阳台

(1)　选择"阳台"图层为当前图层。

(2)　执行"多段线"命令，按图 9-17 所示尺寸绘制阳台底板及栏板。

(3)　执行"复制"命令，将阳台复制到各楼层阳台处。

(4)　执行"分解"命令，将复制到楼房顶层的阳台分解为直线。

(5)　执行"修剪"命令，对顶层阳台图形进行修剪。

(6)　执行"图案填充"命令，将阳台填充为"SOLID"图案，效果如图 9-18 所示。

微课 9-2-4

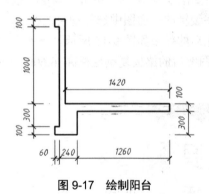

图 9-17　绘制阳台

图 9-18　复制阳台到各楼层并进行图案填充

9.2.7　绘制檐口

(1)　选择"檐口"图层为当前图层。

(2)　执行"直线"命令，按图 9-19 所示尺寸绘制檐口线(由于檐口线较长，结构也较为简单，这里为了显示清楚细节，采用截断的方法进行绘制，实际绘制时应按标注的实际尺寸进行绘制)。

微课 9-2-5

(3)　执行"直线"命令，绘制从房顶阳台左侧端点到右侧外墙线端点的直线。

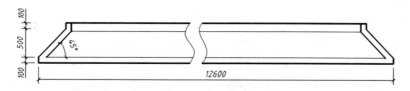

图 9-19　绘制檐口

（4）执行"移动"命令，捕捉檐口线从下数第二条水平线中点，对齐上一步绘制的辅助直线的中点，将檐口移动到房顶位置。

（5）执行"图案填充"命令，将檐口边缘填充为"SOLID"图案，如图9-20所示。

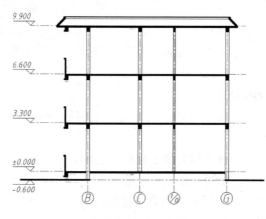

图 9-20　绘制檐口

9.2.8　绘制窗户

墙体绘制完成后即可开始进行门窗设计。另外，在剖面图中，还应表现出窗户上方过梁的位置和尺寸。

任务一　绘制窗户图例

按照图 9-21 所示尺寸，分别绘制阳台窗户、次卧窗户和卫生间窗户。这里以阳台窗户为例介绍窗户的绘制方法。

微课 9-2-6

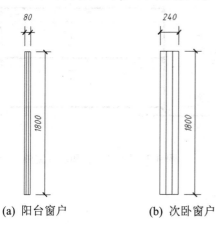

(a) 阳台窗户　　　(b) 次卧窗户

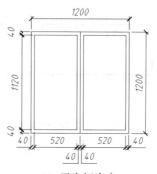

(c) 卫生间窗户

图 9-21　绘制窗户

全国高职高专『十三五』贯穿式＋立体化创新规划教材

(1) 选择"窗"图层为当前图层。

(2) 执行"矩形"命令，绘制一个长 80、宽 1800 的矩形。

(3) 执行"分解"命令，将矩形分解为 4 条直线。

(4) 执行"偏移"命令，将左侧竖线向右偏移 27，将右侧竖线向左偏移 27。

(5) 执行"块"命令，将图 9-21 所示的 3 个图定义为块，分别命名为"阳台窗户""次卧窗户"和"卫生间窗户"，阳台窗户的插入基点选择为右下角点，次卧窗户、卫生间窗户的插入基点均选择每个图形最下面外边线的中点。

任务二 插入卫生间窗户

(1) 执行"直线"命令，分别在一、二、三层的卫生间地板上表面绘制一条直线。

(2) 执行"偏移"命令，分别将一、二、三层卫生间绘制的直线向上偏移 1200。

(3) 执行"插入"命令，将"卫生间窗户"图块插入到上一步绘制的各楼层的偏移线的中点位置，如图 9-22 所示。

任务三 插入次卧及阳台窗户

(1) 执行"偏移"命令，分别将各层楼面线向上偏移 900，再将偏移线分别向上偏移 1800。

(2) 执行"修剪"命令，在右侧外墙上修剪出窗洞。

(3) 执行"插入"命令，给每一层次卧安装窗户。

(4) 执行"插入"命令，给每一层阳台安装窗户。

任务四 绘制次卧窗户过梁

(1) 执行"直线"命令，沿次卧窗户上边线绘制一条直线，再将其向上偏移 120。

(2) 执行"图案填充"命令，将右侧外墙(次卧外墙)向上偏移 1800 和 120 之间的墙线内填充为"SOLID"图案。

(3) 删除多余的辅助线，效果如图 9-23 所示。

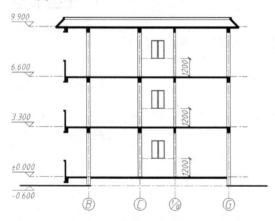

图 9-22 安装卫生间窗户

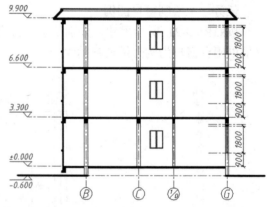

图 9-23 安装阳台和次卧窗户

9.3　添加尺寸标注和文字注释

在已绘制的剖面图中必须添加标高、尺寸标注和文字注释，以使整幅图形的尺寸和有关说明一目了然。

9.3.1　尺寸标注

任务一　窗户标高　　　　　　　　　　　　　　　　　　　　微课 9-3-1

(1) 执行"插入块"命令，在打开的"插入"对话框中单击"浏览"按钮，选择"标高符号-右"，给每一层卫生间的窗户顶部添加标高符号。

(2) 执行"镜像"命令，将每层卫生间窗户顶部的标高符号沿窗户左、右两侧外边线的中点镜像底部标高符号并保留原对象。

(3) 双击一层卫生间窗户底部标高符号，打开"增强属性编辑器"对话框，在"属性"选项卡中将"值"修改为1.200，如图9-24所示。

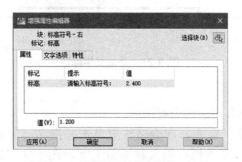

图 9-24　"增强属性编辑器"对话框

(4) 用同样的方法，修改二、三层卫生间窗户底部的标高值，完成后的效果如图 9-25 所示。

任务二　尺寸标注

执行"线性"标注和"连续"标注命令，标注次卧窗户的细部尺寸和建筑物总高度，效果如图 9-26 所示。

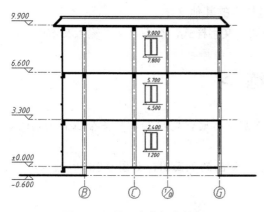

图 9-25　添加窗户标高符号

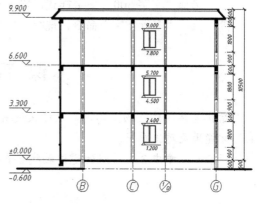

图 9-26　添加尺寸标注

全国高职高专『十三五』贯穿式＋立体化创新规划教材

9.3.2 文字注释

任务一 标注房间功能

执行"多行文字"命令，在弹出的"文字样式"工具栏中选择样式为"文字 500"，标注建筑剖面图中各房间的功能名称，效果如图 9-27 所示。

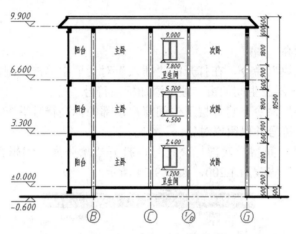

图 9-27 添加文字标注

任务二 标说明文字

(1) 选择"文字注释"图层为当前图层。

(2) 执行"多行文字"命令，在合适位置单击并拖动一文本框，系统弹出"文字格式"对话框，用户可以在文本框中输入和编辑文字。在"文字格式"下拉列表框中选择"文字 700"，在文本框中输入文本"1-1 剖面图"，单击"确定"按钮，完成文本输入，并将文本移动到合适的位置。

(3) 执行"直线"命令，在文本"1-1 剖面图"下方绘制两条直线。

(4) 执行"多行文字"命令，选择"文字 500"文字样式，输入文本"1：100"。

(5) 选择"文字 700"文字样式，输入标题栏中的文本"1-1 剖面图"和"运城职业技术学院"。

(6) 选择"文字 500"文字样式，输入标题栏中的其他文本。

(7) 执行"多行文字"命令，选择"文字 500"文字样式，在图框下方输入文本内容。

课 后 练 习

结构复杂的建筑物，其内部功能又没有什么规律性时，需要绘制从多个位置剖切的剖面图才能满足施工要求。

请绘制本章中 3 层楼房的通过轴线 6-6 垂直剖切面的剖面图，如图 9-28 所示。

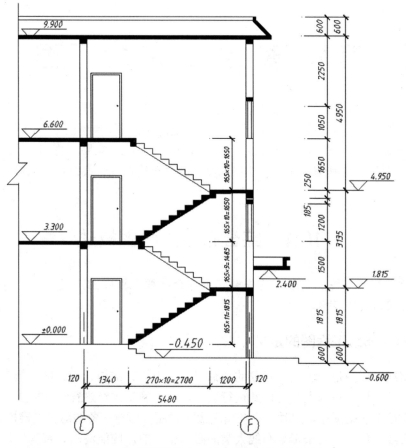

图 9-28　通过轴线 6-6 垂直剖切面的剖面图

第 10 章　综合布线工程图

AutoCAD 广泛应用于综合布线系统的设计中。当建设单位提供了建筑物的 CAD 建筑图纸的电子文档后，布线系统设计人员可以根据建筑平面图、装修平面图等资料，在 CAD 建筑图纸基础上进行布线系统的设计，起到事半功倍的效果。在综合布线工程中，AutoCAD 主要用于绘制综合布线系统结构图、综合布线系统管线路由图、楼层信息点分布图等。

10.1　综合布线工程图概述

绘制综合布线工程图之前，首先要熟悉综合布线工程图的定义、绘制内容、识读方法、绘制要求和绘制步骤。

10.1.1　综合布线工程图的定义

综合布线工程图是表示施工对象的全部尺寸、用料、结构、构造以及施工要求，用于指导施工用的图样。技术人员可以此进行交流，依据施工图纸进行设计施工、购置设备材料、编制审核工程概预算。同时工程在出现故障时还可指导设备的运行、维护和检修。

综合布线工程图是用来指导布线人员的布线施工的，应能清晰、直观地反映网络和综合布线系统的结构、管线路由和信息点分布等情况，在施工图上要对一些关键信息点、交接点、缆线拐点等位置的施工注意事项和布线管槽的规格、材质等进行详细的标注和说明。

10.1.2　综合布线工程图的种类

综合布线工程图一般应包括以下 5 种类型的图纸。
(1) 网络拓扑结构图(一般用 Visio 软件绘制)。
(2) 综合布线系统拓扑(结构)图。
(3) 综合布线系统管线路由图。
(4) 楼层信息点分布及管线路由图。
(5) 机柜配线架信息点分布图。
通过以上这些图纸，主要用来反映以下几个方面的内容。
(1) 网络拓扑结构。
(2) 进线间、设备间、电信间的设置情况及具体位置。
(3) 布线路由、管槽型号和规格、埋设方法。
(4) 各楼层信息点的类型和数量，信息插座底盒(终端盒)的埋设位置。
(5) 配线子系统的缆线型号和数量。
(6) 干线子系统的缆线型号和数量。

(7) 建筑群子系统的缆线型号和数量。

(8) 楼层配线架(FD)、建筑物配线架(BD)、建筑群配线架(CD)的数量和分布位置。

(9) 机柜内配线架及网络设置分布情况、缆线端接位置。

10.1.3 综合布线工程图的识读

综合布线工程图纸是通过各种图形符号、尺寸标注、文字符号和文字说明等来表达的。施工人员要通过图纸了解施工要求，按图施工；预算人员要通过图纸了解工程内容和工程规模，统计出工程量，编制工程概预算文件。阅读图纸的过程就称为识图。换句话说，识图就是要根据图例和所学的专业知识，认识设计图纸上的每个符号，理解其工程意义，进而很好地掌握设计者的设计意图，明确在实际施工过程中要完成的具体工作任务。这是按图施工的基本要求，也是准确套用定额进行综合布线工程概预算的必要前提。因此，识图、绘图能力是综合布线工程设计与施工人员必备的基本技能。

10.1.4 综合布线工程图绘制要求

综合布线工程图的现行标准是信息产业部发布的《通信工程制图和图形符号规定》(YD/T 5015－2015)。

1．制图的整体要求

(1) 根据表述对象的性质、论述的目的与内容，选取适宜的图纸及表述手段，以便完整地表述主题内容。

(2) 图面应布局合理、排列均匀、轮廓清晰和便于识别。

(3) 应选取合适的图线宽度，避免图中的线条过细或过粗。

(4) 正确使用国标和行标规定的图形符号；派生新的符号时，应符合国标图形符号的派生规律，并在合适的地方加以说明。

(5) 在保证图面布局紧凑和使用方便的前提下，应选择合适的图纸幅面，使绘制的图形大小适中。

(6) 应准确地按规定标注各种必要的技术数据和注释，并按规定进行书写和打印。

(7) 工程设计图纸应按规定绘制标题栏，并按规定的责任范围签字，各种图纸应按规定顺序编号。

2．制图的统一规定

(1) 图纸幅面。一般采用 A0、A1、A2、A3、A4 图纸幅面。实际工程设计中，通常多采用 A4 的图纸幅面，以便于装订和美观。

当上述幅面不能满足要求时，可按照《技术制图 图纸幅面及格式》(GB 14689－2008)的规定加大幅面，也可在不影响整体视图效果的情况下分割成若干张图绘制(目前大多数采取这种方式)。

(2) 图线线型及用途。表 10-1 列出了综合布线工程图中常用的线型分类及用途。

图线的宽度一般选用 0.25mm、0.35mm、0.5mm、0.7mm、1mm 或 1.4mm。同一幅图中通常只选用两种宽度的图线，粗线的宽度为细线宽度的 2 倍，主要图线用粗线，次要图

全国高职高专『十三五』贯穿式＋立体化创新规划教材

线用细线。对于复杂的图纸也可采用粗、中、细 3 种线宽，线的宽度按 2 的倍数依次递增，但线宽种类不宜过多。

表 10-1　线型分类及用途

图线名称	图线形式	一般用途
实线	———————	基本线条：图纸主要内容用线、可见轮廓线
虚线	- - - - - - - -	辅助线条：屏蔽线、机械连接线、不可见轮廓线、计划扩展内容用线
点划线	— · — · — · —	图框线：分界线、结构图框线、功能图框线、分级图框线
双点划线	— · · — · · —	辅助图框线：更多的功能组合或从某种图框中区分不属于它的功能部件

当需要区分新安装的设备时，则粗线表示新建的设施，细线表示原有的设施，虚线表示规划预留部分。在改建的电信工程图纸上，表示需要拆除的设备及线路用"×"来标注。

(3)　比例。对于建筑平面图、平面布置图、通信管道图及区域规划性质的图纸，推荐使用比例为 1∶10、1∶20、1∶50、1∶100、1∶200、1∶500、1∶1000 等。

对于通信线路图、系统框图、电路组织图、方案示意图等类图纸无比例要求，但应按工作顺序、线路走向、信息流向排列。

对于通信线路图纸，为了更方便地表达周围环境情况，一张图纸中可以有多种比例，或完全按示意性图纸绘制。

(4)　图例。图例是设计人员用来表达其设计意图和设计理念的符号。设计人员在绘制图形时，为了施工识图方便，应该采用国家有关标准规定的图例来绘制。但目前综合布线设计图中的图例还缺少统一标识，在设计中可以参考采用表 10-2 所示的图例。

表 10-2　综合布线工程设计部分常用图例

图　例	说　明	图　例	说　明
PBX	程控交换机	ODE	光纤配线架
BD/CD	总配线架	FD	楼层配线架/分配线架
HUB/Switch	网络设备	■	信息点
	计算机		电话

(5) 尺寸标注。对于机械图、建筑图等图纸来说，一个完整的尺寸标注应由尺寸数字、尺寸界线、尺寸线(两端带箭头的线段)组成。

图中的尺寸，除建筑标高和线路图中以米(m)为单位外，其他均以毫米(mm)为单位，且无须另加说明。

在通信线路工程图纸中，更多的是采用示意图，直接用数字代表距离，而无须尺寸界线和尺寸线，图 10-1 所示为某园区光缆布线路由图，其中的数字均表示光缆的长度。

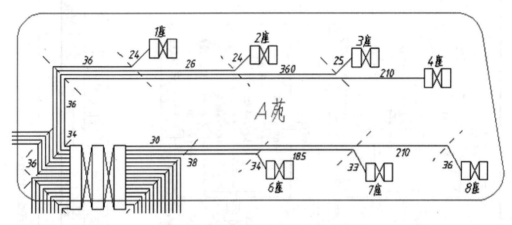

图 10-1　通信线路工程图中的尺寸标注

10.1.5　综合布线工程图绘制步骤

综合布线工程图绘制的基本步骤如下，在绘图时可以根据具体绘图的内容进行调整。

(1) 新建图形文件，设置绘图环境。

(2) 确定图幅和图框。

(3) 绘制建筑平面图、立面图、剖面图。

(4) 绘制综合布线设备符号。

(5) 布置综合布线设备。

(6) 绘制连接设备线路。

(7) 尺寸标注。

(8) 文字注释。

10.2　综合布线系统拓扑图

综合布线系统拓扑图作为全面概括布线系统全貌的示意图，主要包括综合布线中的工作区、配线子系统、干线子系统、建筑群子系统、设备间、进线间、管理七大子系统。对于工作区子系统，要绘制信息点并标注数量；对于配线子系统，要绘制和标注线缆的类型；对于干线子系统，要绘制及标记干线线缆的类型和线缆的用量等。另外，还要标记每一栋建筑的名称以及每栋建筑中每一层的名称，以便区分各自的用途和功能。

【练习 10-1】绘制图 10-2 所示某校园网综合布线系统拓扑图。

全国高职高专『十三五』贯穿式＋立体化创新规划教材

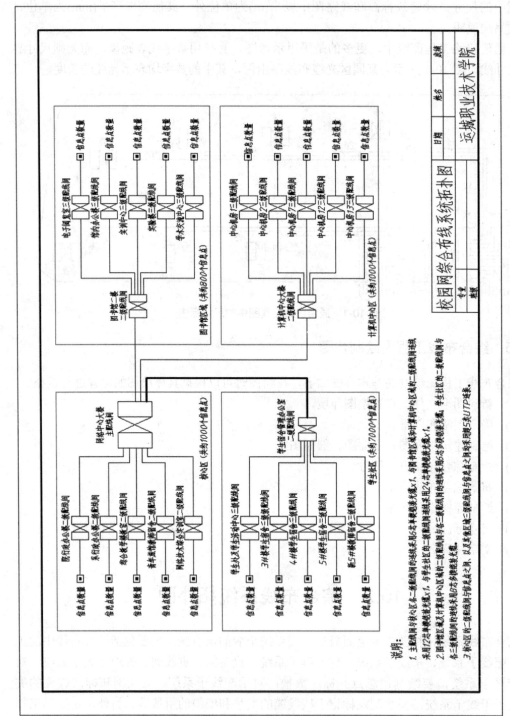

图 10-2 某校园网综合布线系统拓扑图

10.2.1 设置图层

(1) 单击"图层"工具栏中的"图层特性管理器"按钮，或在命令行输入 LA 并按 Enter 键，打开"图层特性管理器"对话框。

(2) 单击对话框中的"新建图层"按钮，新建配线间、信息点、细光纤、粗光纤、超五类 UTP、分区线、图框、文字标注等图层，如图 10-3 所示。

微课 10-2-1

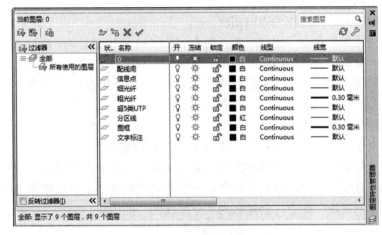

图 10-3　新建图层

10.2.2 定义文字样式

本图中用到两种字号的文字，文字高度分别 3.5 和 7，所以需要新建两种文字样式。

(1) 执行菜单命令"格式"→"文字样式"，打开"文字样式"对话框。

(2) 单击"新建"按钮，新建名为"文字 3.5"的文字样式，在"文字样式"对话框中设置"SHX 字体"为"gbeitc"，"大字体"为"gbcbig"，"高度"为 3.5。

(3) 再次单击"新建"按钮，新建名为"文字 7"的文字样式，设置文字"高度"为 7。

10.2.3 绘制图框和标题栏

任务一　绘制图框

(1) 选择"0"图层为当前图层。

(2) 执行"矩形"命令，绘制一个长 297、宽 210 的矩形。

(3) 执行"偏移"命令，将矩形各边向内侧偏移 10。

任务二　绘制标题栏

(1) 执行"分解"命令，将内侧矩形分解为 4 条直线。

(2) 执行"偏移"命令，将内侧矩形下方直线依次向上偏移 5，共 4 次，将右侧直线依次向左偏移 18、18、18、45 和 18。

(3) 执行"修剪"命令，按要求修剪标题栏。

(4) 切换到"文字标注"图层。

(5) 执行"多行文字"命令，使用"文字 3.5"和"文字 7"在标题栏中输入相应的文字。

(6) 选中偏移到内侧的四条直线，将其转换到"图框"图层。

10.2.4 绘制配线间和信息点

任务一 绘制主配线间

(1) 将"配线间"图层作为当前图层。

(2) 执行"矩形"命令，绘制一个长为 6、宽为 15 的矩形。

(3) 执行"复制"命令，将绘制的矩形复制到向右追踪 12 的位置。

(4) 执行"直线"命令，将相邻两个矩形的对角点相连接，效果如图 10-4 所示。

微课 10-2-2

任务二 绘制分配线间

(1) 执行"矩形"命令，绘制一个长为 3、宽为 7.5 的矩形。

(2) 执行"复制"命令，将绘制的矩形复制到向右追踪 6 的位置。

(3) 执行"直线"命令，将相邻两个矩形的对角点相连接，效果如图 10-5 所示。

(4) 执行"创建块"命令，创建名为"分配线间"的图块。

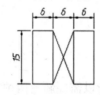

图 10-4 主配线间

图 10-5 分配线间

任务三 制作信息点块

(1) 将"信息点"图层作为当前图层。

(2) 执行"矩形"命令，绘制一个长和宽均为 3 的矩形。

(3) 执行"偏移"命令，将矩形各边向内偏移 0.75。

(4) 执行"图案填充"命令，将内部矩形填充为黑色，完成效果如图 10-6 所示。

图 10-6 信息点

(5) 执行"创建块"命令，创建名为"信息点"的图块。

10.2.5 绘制并连接核心区配线间和信息点

任务一 设置多线样式

(1) 将"细光纤"图层作为当前图层。

(2) 选择"格式"→"多线样式"菜单命令，或在命令行输入 MLST 并按 Enter 键，弹出"多线样式"对话框。

(3) 单击"新建"按钮，打开"创建新的多线样式"对话框。输入新

微课 10-2-3

样式名为"line1"。

(4) 单击"继续"按钮，在打开的"新建多线样式:LINE1"对话框中，将"图元"选项框中偏移量 0.5 改为 3、-0.5 改为-3，然后单击"添加"按钮添加 3 个图元，再将新添加图元的偏移值依次修改为 0、6、-6，如图 10-7 所示。

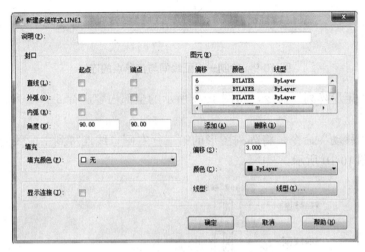

图 10-7　新建多线样式

(5) 单击"确定"按钮，完成多线样式的定义。

任务二　绘制多线

(1) 在状态栏设置"对象捕捉"模式为"中点"。

(2) 选择"绘图"→"多线"命令，或在命令行输入 ML 并按 Enter 键。

(3) 命令行提示为"指定起点或[对正(J)/比例(S)/样式(ST)]："时，依次输入对正类型为"无"，多线的比例为1，多线样式为"line1"。

(4) 捕捉总配线间左侧竖线中点，向左绘制长度为 8 的多线；捕捉总配线间右侧竖线中点，向右绘制长度为 10 的多线。

(5) 执行"分解"命令，将总配线间两侧的多线分解为多条直线。

(6) 执行"删除"命令，将右侧多线上方的两条直线删除，如图 10-8 所示。

任务三　绘制并连接核心区配线间和信息点

(1) 将"配线间"图层作为当前图层。

(2) 执行"插入块"命令，插入"分配线间"图块。

(3) 切换到"细光纤"图层。

(4) 执行"直线"命令，捕捉分配线间图块左侧竖线中点，向左绘制一条长为 15 的直线；捕捉分配线间图块右侧竖线中点，向右绘制一条长为 25 的直线。

(5) 切换到"信息点"图层。

(6) 执行"插入块"命令，插入"信息点"图块，并将信息点图块右侧中点与直线左侧中点连接。

图 10-8　绘制多线

微课 10-2-4

(7) 切换到"文字标注"图层。

(8) 执行"多行文字"命令，使用"文字 3.5"在信息点图块左侧输入文字"信息点数量"，在分配线间上方输入文字"院行政办公楼二级配线间"，结果如图 10-9 所示。

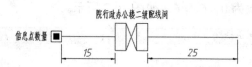

图 10-9　绘制一组配线间与信息点的连接

(9) 执行"矩形阵列"命令，将图 10-9 所示的全部内容进行 5 行 1 列、行间距为 12.5 的阵列。

(10) 执行"移动"命令，将阵列图形的第三行右侧直线连接到主配线间的左侧第三条线左端点，如图 10-10 所示。

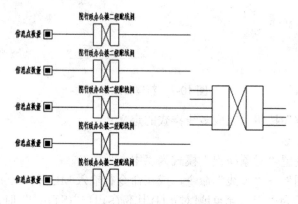

图 10-10　阵列配线间并与主配线间连接

(11) 执行"分解"命令，将阵列图形分解。

(12) 将阵列图形右侧直线第一条和第五条右端点连接，再将连接线向右偏移 2.5，利用"修剪"命令修剪图形。

(13) 分别双击图中的多行文字，修改各二级配线间房间的名称，效果如图 10-11 所示。

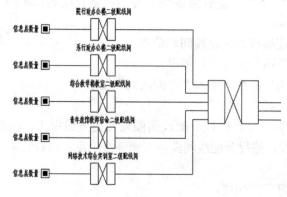

图 10-11　连接端点并修剪连线

10.2.6 绘制并连接图书馆配线间和信息点

任务一 设置多线样式并绘制多线

(1) 将"配线间"图层作为当前图层。

(2) 执行"插入块"命令，插入"分配线间"图块。

(3) 切换到"细光纤"图层。

微课 10-2-5

(4) 新建一个有 5 个图元的多线样式"line2"，设置"偏移量"分别为 3、1.5、0、−1.5、−3。

(5) 执行"多线"命令，捕捉分配线间右侧竖线中点，向右绘制长度为 10 的多线。

(6) 执行"直线"命令，捕捉分配线间左侧竖线中点，向左绘制长度为 25 的直线。

(7) 切换到"文字标注"图层。

(8) 执行"多行文字"命令，使用"文字 3.5"在分配线间上方输入文字"图书馆二楼二级配线间"，如图 10-12 所示。

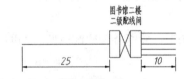

图 10-12 绘制图书馆的二级配线间的连线

任务二 绘制并连接核心区配线间和信息点

(1) 将"配线间"图层作为当前图层。

(2) 执行"插入块"命令，插入"分配线间"图块。

(3) 切换到"细光纤"图层。

(4) 执行"直线"命令，捕捉分配线间图块左侧竖线中点，向左绘制一条长为 25 的直线；捕捉分配线间图块右侧竖线中点，向右绘制一条长为 15 的直线。

(5) 切换到"信息点"图层。

(6) 执行"插入块"命令，插入"信息点"图块，并将信息点图块左侧中点与直线右侧中点连接。

(7) 切换到"文字标注"图层。

(8) 执行"多行文字"命令，使用"文字 3.5"在信息点左侧输入文字"信息点数量"，在分配线间上方输入文字"电子阅览室三级配线间"，如图 10-13 所示。

图 10-13 绘制一组配线间与信息点的连接并输入文字

(9) 执行"矩形阵列"命令，将图 10-15 所示的全部内容进行 5 行 1 列、行间距为 12.5 的阵列。

全国高职高专「十三五」贯穿式＋立体化创新规划教材

(10) 执行"移动"命令，将阵列图形的第三行左侧直线连接到主配线间的右侧第三条线右端点，如图 10-14 所示。

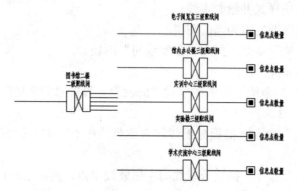

图 10-14　阵列配线间并与图书馆配线间连接

(11) 执行"分解"命令，将阵列图形分解。

(12) 将阵列图形右侧直线第一条和第五条左端点连接，再将连接线向左偏移 2.5，利用"修剪"命令修剪图形。

(13) 分别双击图中的多行文字，修改各二级配线间房间的名称，效果如图 10-15 所示。

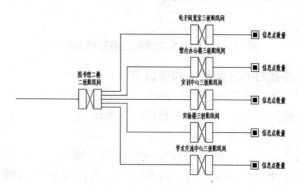

图 10-15　修剪连线

(14) 执行"移动"命令，选中图书馆区域全部内容，以左侧直线左端点为基点，移动到核心区主配线间右侧多线的中点处直线的右端点，完成效果如图 10-16 所示

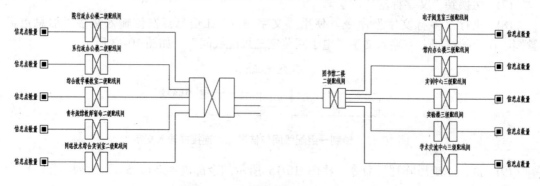

图 10-16　连接核心区与图书馆区域

10.2.7　绘制并连接其他区域配线间和信息点

任务一　绘制并连接其他区域配线间和信息点

(1) 执行"复制"命令，将图书馆区域全部内容复制到向下追踪 75 的位置。

(2) 执行"直线"命令，绘制一条连接核心区右下角点与图书馆区域左下角点的水平连线，再以连线的中点为起点，垂直向下绘制一条直线。

微课 10-2-6

(3) 执行"镜像"命令，选中复制到下方计算机中心区域的全部内容，以绘制的竖线为镜像线镜像图形。

(4) 执行"删除"命令，删除两条辅助连线。

(5) 双击各配线间房间名称并进行修改。

(6) 切换到"粗光纤"图层，执行"直线"命令，绘制从主配线间到学生社区配线间的连线。

(7) 切换到"细光纤"图层，执行"直线"命令，绘制从主配线间到计算机中心区域配线间的连线。

任务二　绘制分区线

(1) 将"分区线"图层设置为当前图层。

(2) 执行"矩形"命令，绘制一个长 100、宽 68 的矩形。

(3) 执行"移动"命令，将绘制的矩形移动到核心区的合适位置。

(4) 执行"复制"命令，将绘制的矩形分别复制到其他 3 个区域的合适位置。

10.2.8　添加文字说明

(1) 将"文字标注"图层作为当前图层。

(2) 执行"多行文字"命令，选择"文字 3.5"，输入 4 个区域的名称和信息点数量。

(3) 执行"多行文字"命令，选择"文字 3.5"，输入说明文字。

10.3　综合布线系统管线路由图

综合布线系统管线路由图主要反映主干(建筑群子系统和干线子系统)缆线的布线路由、桥架规格、数量(或长度)、布放的具体位置和布放方法等，是建筑群子系统施工的重要依据，它是综合布线管道整体结构图，需要绘制清楚整个建筑物之间的管道路由和数量，包括管材的路由和线缆数量以及设备间、进线间的位置等。

【练习 10-2】绘制图 10-17 所示某园区光缆布线路由图。

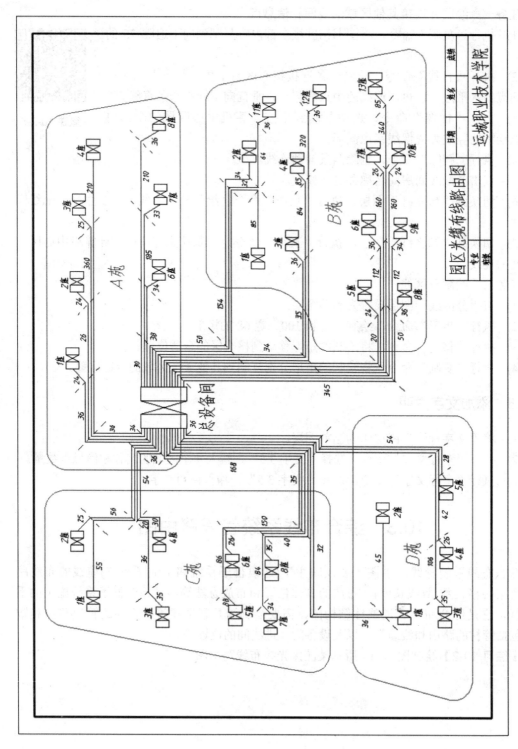

图 10-17　某园区光缆布线路由图

10.3.1　设置图层

(1)　单击"图层"工具栏中的"图层特性管理器"按钮，或在命令行输入 LA 并按 Enter 键，打开"图层特性管理器"对话框。

(2)　单击对话框中的"新建图层"按钮，新建设备间、连接线、分区线、虚线、文字标注、图框等图层，如图 10-18 所示。

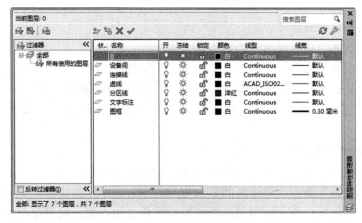

图 10-18　新建图层

(3)　执行菜单命令"格式"→"线型"，或在命令行输入 LT 并按 Enter 键，在打开的"线型管理器"对话框中设置"全局比例因子"为 0.5。

10.3.2　定义文字样式

本图中用到了 3 种字号的文字，文字高度分别为 3.5、5 和 10，所以需要首先定义这 3 种文字样式。

(1)　选择"格式"→"文字样式"菜单命令，打开"文字样式"对话框，单击"新建"按钮，"样式名"设置为"文字 3.5"，设置"SHX 字体"为 gbeitc.shx，"大字体"为 gbcbig.shx，"高度"为 3.5。

(2)　用同样的方法，设置样式文字 5 和文字 10，其文字"高度"分别为 5 和 10。

10.3.3　绘制图框和标题栏

任务一　绘制图框

(1)　选择"0"图层为当前图层。

(2)　执行"矩形"命令，绘制一个长 420、宽 297 的矩形。

(3)　执行"偏移"命令，将矩形各边向内侧偏移 10。

任务二　绘制标题栏

(1)　执行"分解"命令，将矩形分解为 4 条直线。

(2)　执行"偏移"命令，将下方直线依次向上偏移 7，共 4 次，将右侧直线依次向左偏移 24，共 6 次。

(3) 执行"修剪"命令，按要求修剪标题栏。

(4) 将"文字标注"图层设置为当前图层。

(5) 执行"多行文字"命令，在标题栏中输入相应的文字。

(6) 选中偏移到内侧的 4 条直线，将其转换到"图框"图层。

10.3.4 绘制设备间

任务一 绘制总设备间

(1) 将"设备间"图层设置为当前图层。

(2) 执行"矩形"命令，绘制一个长为 8、宽为 28 的矩形。

(3) 执行"复制"命令，将绘制的矩形复制到向右追踪 16 的位置。

(4) 执行"直线"命令，将相邻两个矩形的对角点相连接，效果如图 10-19 所示。

微课 10-3-2

任务二 绘制分设备间

(1) 执行"矩形"命令，绘制一个长为 4、宽为 8 的矩形。

(2) 执行"复制"命令，将绘制的矩形复制到向右追踪 8 的位置。

(3) 执行"直线"命令，将相邻两个矩形的对角点相连接，效果如图 10-20 所示。

(4) 执行"创建块"命令，创建名为"分设备间"的图块。

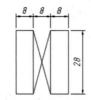

图 10-19　总设备间　　　　　图 10-20　分设备间

10.3.5 设置多线样式并绘制多线

任务一 设置多线样式

(1) 将"连接线"图层设置为当前图层。

(2) 选择"格式"→"多线样式"菜单命令，或在命令行输入 MLST 并按 Enter 键，弹出"多线样式"对话框，单击"新建"按钮，打开"创建新的多线样式"对话框，输入新样式名为"line"。

微课 10-3-3

(3) 单击"继续"按钮，在打开的"新建多线样式"对话框中，将"图元"选项框中偏移量 0.5 改为 1.7，-0.5 改为-1.7，然后单击"添加"按钮，再将新添加图元的偏移量依次修改为 0、3.4、5.1、6.8、8.5、10.2、11.9 和 13.6，继续单击"添加"按钮，再将新添加的图元的偏移量依次修改为-3.4、-5.1、-6.8、-8.5、-10.2、-11.9 和-13.6，如图 10-21 所示。

(4) 单击"确定"按钮，完成多线样式的定义。

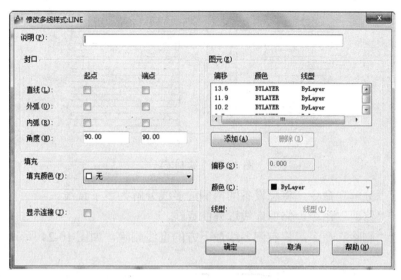

图 10-21　设置多线样式

任务二　绘制多线

(1) 在状态栏设置"对象捕捉"方式为"中点"。

(2) 选择"绘图"→"多线"菜单命令，或在命令行输入 ML 并按 Enter 键。

(3) 命令行提示为"指定起点或[对正(J)/比例(S)/样式(ST)]："时，依次输入对正类型为"无"，多线的比例为 1，多线样式为"line"。

(4) 捕捉总设备间左侧竖线中点，向左绘制长为 18 的多线；捕捉总设备间右侧竖线中点，向右绘制长为 30 的多线，结果如图 10-22 所示。

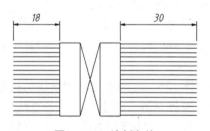

图 10-22　绘制多线

10.3.6　绘制连接线并连接设备间

任务一　修剪多线

(1) 将"虚线"图层设置为当前图层。

(2) 在状态栏右击"极轴追踪"按钮，打开"草图设置"对话框，在"极轴追踪"选项卡中设置"增量角"为 45°。

(3) 执行"直线"命令，分别绘制一条长度适中的 45°的虚线和 135°的虚线。

(4) 执行"移动"命令，将两条虚线分别移动到多线的合适位置，如图 10-23 所示。

微课 10-3-4

全国高职高专「十三五」贯穿式＋立体化创新规划教材

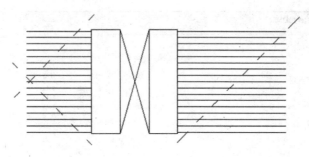

图 10-23　绘制虚线

(5) 执行"分解"命令，将总设备间两侧的多线分解为多条直线。

(6) 执行"修剪"命令，修剪虚线以外的直线。

(7) 执行"删除"命令，将右侧多线最下方的直线删除，如图 10-24 所示。

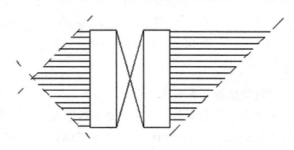

图 10-24　修剪图形

任务二　绘制 A 苑连接线并连接设备间

(1) 将"连接线"图层设置为当前图层。

(2) 执行"直线"命令，捕捉左侧多线上方第一条直线的左侧端点，垂直向上绘制长为 30 的直线，再向右绘制长为 160 的直线(原图中的尺寸为施工的真实尺寸，这里的尺寸为示意图的尺寸)。

(3) 执行"复制"命令，将 135°的虚线复制到直线的折角处。

(4) 执行"直线"命令，捕捉左侧多线上方第二条直线的左侧端点，垂直向上绘制直线到与 135°的虚线相交，再向右绘制长为 120 的直线，再向 45°的方向绘制长为 10 的斜线。

(5) 用同样的方法，绘制总设备间左侧上方第三条和第四条线路。

(6) 执行"插入块"命令，在每条线路末端插入定义的"分设备间"图块。

(7) 利用夹点将总设备间右侧上方第一条线向右拉伸到合适长度，再向-45°方向绘制长度为 10 的斜线。

(8) 用同样的方法，拉伸总设备间右侧上方第二条和第三条连接线到合适长度。

(9) 执行"复制"命令，分别将 45°和 135°的虚线复制到连接线的折角处。

(10) 执行"拉长"命令，分别将所有的 45°和 135°的虚线拉长到合适长度。

(11) 执行"插入块"命令，在每条线路末端插入定义的"分设备间"图块。完成效果如图 10-25 所示。

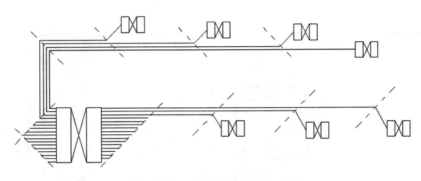

图 10-25 A 苑光缆布线路由图

提示：当已连接分设备间的直线长度不符合要求时，可以利用拉伸命令调整其长度。

任务三　绘制其他各苑连接线并连接设备间

利用与绘制 A 苑连接线并连接设备间同样的方法，绘制其他各苑连接线并连接设备间。

10.3.7　添加分区线

(1)　将"分区线"图层设置为当前图层。

(2)　利用"直线"和"圆角"命令绘制分区线。

微课 10-3-5

10.3.8　添加文字标注

(1)　将"文字标注"图层设置为当前图层。

(2)　执行"多行文字"命令，用文字 10 添加"总设备间"说明文字。

(3)　执行"多行文字"命令，用文字 5 添加"N 座"说明文字。

(4)　执行"多行文字"命令，用文字 3.5 添加尺寸标注。这里的线路长度仅是示意性的长度，并不代表真实的尺寸长度，数字表示的才是线路的真实长度。

(5)　执行"多行文字"命令，用文字 10 添加分区文字"A 苑""B 苑""C 苑""D 苑"。

10.4　楼层信息点分布和管线路由图

施工工人在进行整栋楼的配线子系统的施工时，每一层楼都是一个配线子系统。楼层信息点分布及管线路由图应明确反映相应楼层的分布情况，具体包括该楼层的配线路由和布线方法，该楼层配线用管槽的具体规格、安装方法及用量以及终端盒的具体安装位置和方法等。

【练习 10-3】绘制图 10-26 所示某学生宿舍楼层信息点分布和管线路由图。

全国高职高专「十三五」贯穿式＋立体化创新规划教材

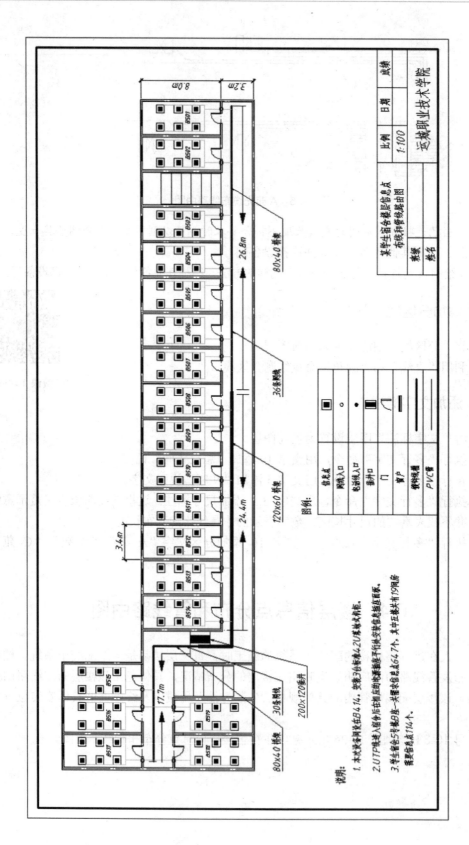

图 10-26　某学生宿舍楼层信息点分布和管线路由图

10.4.1 设置图层

(1) 单击"图层"工具栏中"图层特性管理器"按钮，或在命令行输入 LA 并按 Enter 键，打开"图层特性管理器"对话框。

(2) 单击对话框中的"新建图层"按钮，新建定位轴线、墙线、信息点、网线入口、PVC 管、镀锌线槽 0.3、镀锌线槽 0.5 等图层，如图 10-27 所示。

微课 10-4-1

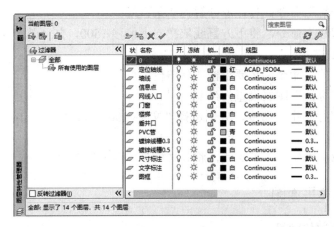

图 10-27 新建图层

10.4.2 定义文字样式和标注样式

任务一 定义文字样式

本图中用到了 3 种字号的文字，文字高度分别为 500、1000 和 1400，所以需要首先定义这 3 种文字样式。

(1) 选择"格式"→"文字样式"菜单命令，打开"文字样式"对话框，单击"新建"按钮，输入"样式名"为"文字 500"，设置"SHX 字体"为 gbeitc.shx，"大字体"为 gbcbig.shx，"高度"为 500。

(2) 用同样的方法，定义样式文字 1000 和文字 1400，设置其文字高度分别为 1000 和 1400。

任务二 定义标注样式

(1) 选择"格式"→"标注样式"菜单命令，打开"标注样式管理器"对话框。

(2) 在"标注样式管理器"对话框中单击"新建"按钮，输入新样式名"尺寸 1000"，单击"继续"按钮，打开"修改标注样式"对话框，切换到"文字"选项卡，单击"文字样式"下拉按钮，从下拉列表中选择"文字 1000，在"从尺寸线偏移"框中输入 300。

(3) 切换到"符号和箭头"选项卡，设置箭头样式为"建筑标记"，箭头大小为 500；切换到"线"选项卡，设置"超出尺寸线"和"起点偏移量"均为 300。

全国高职高专『十三五』贯穿式＋立体化创新规划教材

10.4.3　绘制图框和标题栏

任务一　绘制图框

(1)　选择"0"图层为当前图层。

(2)　执行"矩形"命令,绘制一个长为 89100、宽为 42000 的矩形。

(3)　执行"偏移"命令,将矩形各边向内偏移 1000。

任务二　绘制标题栏

(1)　执行"分解"命令,将矩形分解为 4 条直线。

(2)　执行"偏移"命令,将下方直线依次向上偏移 1500,共 4 次,将右侧直线依次向左偏移 3600,共 6 次。

(3)　执行"修剪"命令,按要求修剪标题栏。

(4)　将"文字标注"图层设置为当前图层。

(5)　执行"多行文字"命令,分别选择"文字 1000"和"文字 1400",在标题栏中输入相应的文字。

(6)　选中偏移到内侧的 4 条直线,将其转换到"图框"图层。

10.4.4　制作宿舍平面图

任务一　绘制定位轴线

(1)　将"定位轴线"图层设置为当前图层。

(2)　执行"直线"命令,绘制一条长 65000 的水平直线。

(3)　执行菜单命令"格式"→"线型",设置"全局比例因子"为 100。

微课 10-4-2

(4)　执行"偏移"命令,将该水平线分别向上偏移 3200 和 8000,再将偏移 8000 后的直线依次向上偏移 3200 和 8000。

(5)　执行"直线"命令,绘制一条通过所有水平线左侧端点的竖直线。

(6)　执行"偏移"命令,将左侧竖直线向右偏移 3400,共 3 次,然后向右偏移 3200,继续向右偏移 3400,共 15 次。

(7)　将定位轴线按原图要求进行修剪,完成效果如图 10-28 所示。

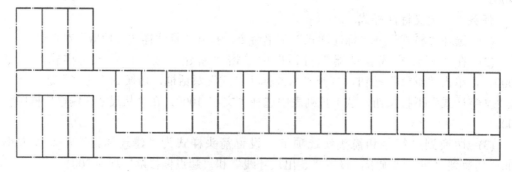

图 10-28　绘制定位轴线

任务二 设置多线样式

(1) 将"墙线"图层设置为当前图层。

(2) 执行"多线样式"命令，新建名为"Q24"的多线样式，设置"起点"和"端点"的"封口"方式均为"直线"，将"图元"选项框中偏移量 0.5 改为 120、−0.5 改为−120。

微课 10-4-3

任务三 绘制墙线

(1) 在状态栏设置"对象捕捉"方式为"端点"和"交点"。

(2) 执行"多线"命令，命令行提示为"指定起点或[对正(J)/比例(S)/样式(ST)]："时，依次输入对正类型为"无"，多线的比例为1，多线样式为Q24。

(3) 用鼠标捕捉左下角轴线交点，按墙体走向捕捉墙体轴线对应交点，绘制墙线。

任务四 编辑墙线

(1) 双击墙体多线，打开"多线编辑工具"对话框。

(2) 选择"角点结合""T 形合并""十字合并"等工具按钮，对对应的墙线进行编辑，效果如图 10-29 所示。

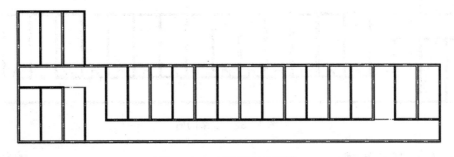

图 10-29 绘制并编辑墙线

任务五 确定门窗洞口位置

(1) 执行"偏移"命令，将每个房间左、右两侧的定位轴线分别向房间内侧偏移950。

(2) 执行"修剪"命令，修剪出窗户的洞口。删除偏移线。

(3) 执行"偏移"命令，将每个房间左、右两侧的定位轴线分别向房间内侧偏移1200。

微课 10-4-4

(4) 执行"修剪"命令，修剪出门的洞口。删除偏移线。

任务六 绘制门窗

1) 绘制并安装门

(1) 将"门窗"图层作为当前图层。

(2) 绘制厚45、宽1000的左、右开门，如图 10-30 和图 10-31 所示。

图 10-30 门 1

图 10-31 门 2

全国高职高专「十三五」贯穿式＋立体化创新规划教材

（3）执行"创建块"命令，分别以"门1"的右下角点为基点创建名称为"门1"的图块，以"门2"的右上角点为基点，创建名称为"门2"的图块。

（4）单击"插入块"按钮，选择图块"门1"，将"门1"图块插入到除左下角两个房间以外的所有房间的门洞上。

（5）重复"插入块"命令，将"门2"图块插入到左下角两个房间的门洞上。

2）绘制窗户

（1）执行"多线样式"命令，新建名为"C24"的多线样式，设置"起点"和"端点"的"封口"方式均为"直线"，将"图元"选项框中偏移量0.5改为120、−0.5改为−120，"添加"两个图元，将其偏移量分别修改为40和−40。

（2）执行"多线"命令，捕捉轴线和墙线封口处的交点，绘制窗户。绘制门窗后的结果如图10-32所示。

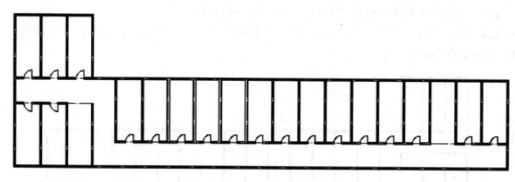

图 10-32　安装门窗

10.4.5　绘制镀锌线槽

（1）将"镀锌线槽0.3"图层作为当前图层。

（2）执行"直线"命令，从走廊左侧开始，按原图所示位置和走向绘制直线。绘制直线时，在需要转换线条粗细的位置单击。

微课 10-4-5

（3）选择镀锌线槽中 120×60 桥架的部分，将其转换到"镀锌线槽0.5"图层，完成效果如图10-33所示。

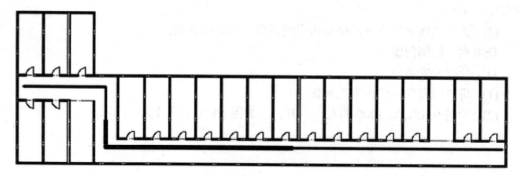

图 10-33　绘制镀锌线槽

10.4.6 绘制楼梯和垂井口

任务一 绘制楼梯

(1) 将"楼梯"图层作为当前图层。

(2) 执行"直线"命令，在左侧楼梯口沿水平定位轴线绘制一条水平直线。

(3) 执行"偏移"命令，将水平线依次向下偏移 1000，共 6 次。

(4) 用同样的方法，绘制右侧楼梯。

任务二 绘制垂井口

(1) 将"垂井口"图层作为当前图层。

(2) 执行"矩形"命令，绘制一个长 1500、宽 2000 的矩形。

(3) 单击"分解"命令，将矩形分解为 4 条直线。

(4) 执行"偏移"命令，将左、右侧直线分别向内偏移 400。

(5) 执行"图案填充"命令，将内侧直线构成的矩形填充为黑色，
完成效果如图 10-34 所示。

图 10-34 垂井口

(6) 执行"移动"命令，将垂井口移动到图 10-35 所示位置。

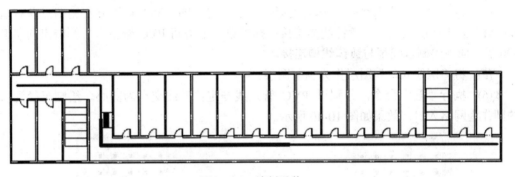

图 10-35 绘制垂井口

10.4.7 信息点和 PVC 线槽的分布

任务一 制作信息点图例

(1) 将"信息点"图层作为当前图层。

(2) 执行"矩形"命令，绘制一个长、宽均为 800 的矩形。

(3) 执行"偏移"命令，将矩形向内侧偏移 200。

(4) 执行"图案填充"命令，将内侧矩形填充为黑色，完成效果如
图 10-36 所示。

微课 10-4-6

图 10-36 信息点

任务二 单个房间信息点的分布

(1) 执行"移动"命令，借助临时追踪点命令 tt 将"信息点"移动到距离左上角第一

个房间内墙左上角向右追踪 300、再向下追踪 1400 的位置，效果如图 10-37 所示。

（2）执行"矩形阵列"命令，将"信息点"进行 3 行 2 列、行间距-1800、列间距 1760 的阵列，结果如图 10-38 所示。

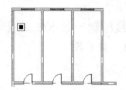

图 10-37　插入信息点

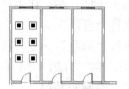

图 10-38　阵列信息点

任务三　PVC 线槽和所有房间信息点的分布

（1）将"PVC 管"作为当前图层。

（2）执行"直线"命令，绘制两条长 4800 的连接两列信息点外侧的直线，并将两条直线下方端点连接起来。

（3）执行"矩形阵列"命令，将第一个房间内的信息点和 PVC 管进行 1 行 3 列、列间距为 3400 矩形阵列，效果如图 10-39 所示。

（4）执行"直线"命令，分别捕捉第一、三个房间的 PVC 管下方左侧端点向右追踪 400 后，向下绘制直线至与镀锌线槽连接；捕捉第二个房间 PVC 管下方右侧端点向左追踪 400 后，向下绘制直线至与镀锌线槽连接。

（5）将"网线入口"图层作为当前图层。

（6）执行"圆"命令，分别以 PVC 管连线与定位轴线交点为圆心，绘制半径为 180 的圆作为网络入口，效果如图 10-40 所示。

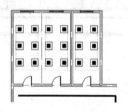

图 10-39　阵列信息点

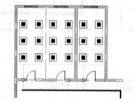

图 10-40　连接 PVC 管和镀锌线槽

（7）执行"分解"命令，将阵列信息点分解为每个房间独立的信息点。

（8）执行"镜像"命令，以图中走廊左侧外墙的中点所在水平线为镜像线，将上方左侧两个房间的信息点镜像到下方的两个房间内。

（9）执行"复制"命令，以每个房间左上角为基点，将图中左上角两个宿舍的信息点、PVC 管和网络入口复制到所有对应的房间。

（10）执行"修剪"或"延伸"命令，使所有 PVC 线槽连接到镀锌线槽上，完成效果如图 10-41 所示。

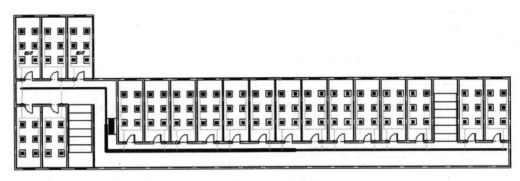

图 10-41 所有房间信息点的分布

10.4.8 房间标号和镀锌线槽的标注

微课 10-4-7

任务一 标注宿舍长宽尺寸

(1) 将"尺寸标注"图层作为当前图层。

(2) 执行"线性标注"命令,标注宿舍的长、宽和走廊的宽度尺寸。

任务二 标注宿舍号

(1) 将"文字标注"图层作为当前图层。

(2) 执行"多行文字"命令,选择"文字 500",标注图中最右侧宿舍号为"B501"。

(3) 执行"复制"命令,将该宿舍号复制到每一个房间。

(4) 分别双击各宿舍号,修改宿舍标号。

任务三 标注镀锌线槽尺寸

(1) 执行"多段线"命令,绘制一个起点宽度为 0、端点宽度为 500、长为 1000 的箭头和长为 8000 的箭尾。

(2) 执行"镜像"命令,镜像一个方向相反的箭头。

(3) 执行"复制"命令,将箭头复制到镀锌线槽下方合适位置,并可以拉长箭尾长度。

(4) 执行"多行文字"命令,选择"文字 1000",在两个箭头之间填写镀锌线槽长度。

任务四 标注镀锌线槽文字说明

(1) 执行"多重引线样式"命令,打开"多重引线样式管理器"对话框。单击对话框中的"修改"按钮,切换到"内容"选项卡。

(2) 在"内容"选项卡中单击"文字样式"下拉按钮,在下拉列表中选择"文字1000",选择"引线连接"方式为"水平连接",并设置"连接位置-左"为"最后一行加下划线"和"连接位置-右"为"最后一行加下划线"。

(3) 执行"多重引线"命令,进行多重引线标注,完成后的效果如图 10-42 所示。

全国高职高专「十三五」贯穿式+立体化创新规划教材

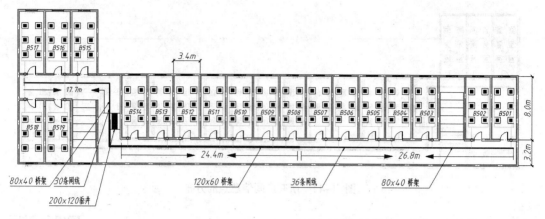

图 10-42　房间标号和镀锌线槽的标注

10.4.9　添加图例和文字说明

任务一　添加图例

微课 10-4-8

（1）单击"表格"按钮，或在命令行输入 TAB 并按 Enter 键，打开"插入表格"对话框。

（2）单击"表格样式"右侧的"启动表格样式对话框"按钮，在打开的"表格样式"对话框中单击"新建"按钮，输入新样式名为"图例表格"，单击"继续"按钮，打开"新建表格样式:图例"对话框。

（3）"单元样式"选择"数据"。在"常规"选项卡中设置"对齐"方式为"正中"；在"文字"选项卡中设置"文字样式"为"文字 1000"。

（4）单击"确定"按钮，返回"表格样式"对话框。依次单击"置为当前"和"关闭"按钮，返回"插入表格"对话框。

（5）在对话框的"设置单元样式"区域，"第一行单元样式""第二行单元样式"及"所有其他行单元样式"均选择为"数据"；在"列与行设置"区域，设置"列数"为 2，"列宽"为 7000，"数据行数"为 6，"行高"为 1。

（6）单击"确定"按钮。命令行提示为"指定插入点:"时，在绘图区域单击，此时会同时弹出设置的表格和"文字格式"工具栏。

（7）选择单元格，输入单元格文字。完成效果如图 10-43 所示。

信息点	■
网线入口	○
电话线入口	●
垂井口	▮
门	⌐
窗户	▬
镀锌线槽	—
PVC管	----

图 10-43　图例表格

(8) 执行"移动"命令，将表格移动到图框内合适位置。

任务二　添加文字说明

(1) 将"文字标注"图层作为当前图层。

(2) 执行"多行文字"命令，选择"文字1000"输入说明文字。

课 后 练 习

　　配线子系统是综合布线系统中的三大基本子系统之一，也是施工量最大的一部分。楼层综合布线系统拓扑图正是整栋楼综合布线工程中配线子系统的体现。该拓扑图主要包括工作区的数据和语音信息点、配线子系统的线缆以及楼层的电信间和配线设备等。

　　下面绘制如图10-44所示的某大楼7～11层综合布线系统(数据+语音)拓扑图。

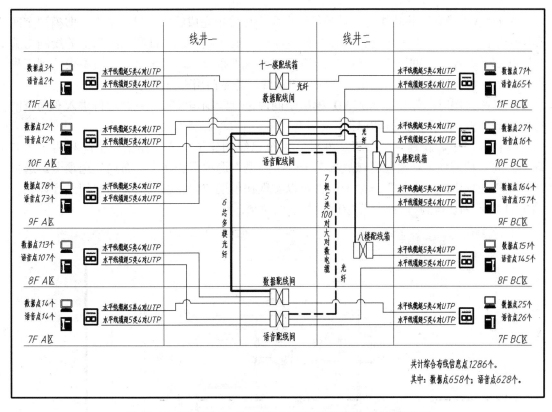

图10-44　某大楼7～11层综合布线系统(数据+语音)拓扑图

第 11 章　图形打印与输出

绘制好图形之后，通常要进行打印输出操作，将图形打印到图纸上，或将图形输出为其他格式的文件以供他人使用其他应用程序阅读和交流。

AutoCAD 打印输出图形常用两种方法：一是从"模型"空间打印输出；二是从"布局"空间打印输出。

11.1　模型空间与图纸空间

AutoCAD 最有用的功能之一就是可以在两个环境中完成绘图和设计工作，即模型空间和图纸空间。模型空间是创建工程模型的空间。一般情况下，二维和三维图形的绘制与编辑工作都是在模型空间下进行的。图纸空间也称为"布局"，用来将几何模型表达到工程图纸上，它模拟图纸页面，提供直观的打印设置，是专门用来出图的。

一般在绘图时，先在 AutoCAD 模型空间内进行绘制与编辑，完成后再进入布局空间进行布局调整，直至最终打印出图。

默认情况下，新建一个图形文件时，系统已经创建了一个"模型"空间和两个"布局"空间，相应地，在绘图区域底部有一个"模型"选项卡和两个"布局"选项卡。选择"模型"选项卡或"布局"选项卡，就可以实现在模型空间和相应的布局空间进行切换。图 11-1 所示为切换到"布局 1"空间后显示的效果。

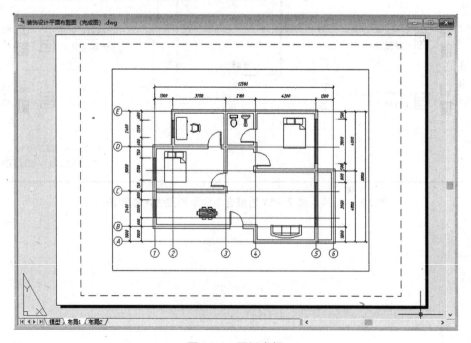

图 11-1　图纸空间

当处于布局空间时，屏幕显示布局空间标志，即一个直角三角形。

一个图形文件可以包含一个模型空间和多个布局空间，每个布局代表一张单独的打印输出图纸。

图纸空间中有 3 层矩形边界，其作用说明如下。

(1) 纸张边界。最外层边界为纸张边界，代表纸张大小。

(2) 可打印区域边界。中间虚线框为可打印区域边界，位于该边界内区域为可打印区域，只有位于该区域内的内容才可以被打印。

(3) 浮动视口边界。最内层矩形框为浮动视口边界。单击此边界，可以进行调整视口大小、删除视口等操作。

11.1.1 在模型空间创建平铺视口

默认情况下，新建一个图形文件，系统自动产生的模型空间只有一个视口，且大多数情况下，在这个视口就可以进行绘制和编辑图形的工作。对较复杂的图形，为了比较清楚地观察图形的不同部分，可以在绘图区域同时建立多个视口进行平铺，以便显示几个不同的视图，如图 11-2 所示。模型空间创建的视口称为平铺视口。

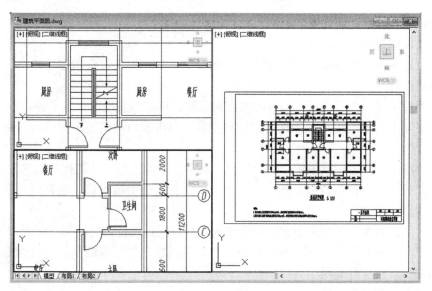

图 11-2 平铺视口

在模型空间中，可以同时显示多个平铺视口。每个视口可以分别设置缩放比例、视点、栅格和捕捉设置等特性，对其他视口没有影响，但在一个视口中编辑图形则会影响到其他所有视口的图形，这为复杂图形的编辑提供了极大的方便。

1. 创建平铺视口

创建平铺视口常用以下 3 种方法。

- 单击"视口"工具栏上的"新建视口"按钮。
- 选择菜单命令"视图"→"视口"→"新建视口"。

● 在命令行输入 vports 命令。

执行命令后，将弹出"视口"对话框，如图 11-3 所示。

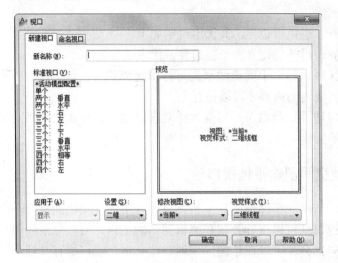

图 11-3　模型空间的"视口"对话框

对话框中各选项功能如下。

(1)　"新建视口"选项卡。

①　"新名称"文本框：用于输入新建视口的名称。如果没有指定视口的名称，则此视口将不被保存。

②　"标准视口"列表框：选择标准配置名称，可将当前视口分割平铺。

③　"预览"框：用于预览选定的视口配置。单击窗口内的某个视口，可将其置为当前视口。

④　"应用于"下拉列表框：用于选择"显示"选项还是"当前视口"选项。

⑤　"设置"下拉列表框：选择"二维"可进行二维平铺视口，选择"三维"可进行三维平铺视口。

⑥　"修改视图"下拉列表框：用于所选的视口配置代替以前的视口配置。

⑦　"视觉样式"下拉列表框：用于将"二维线框""三维线框""三维隐藏""概念""真实"等视觉样式用于视口。

(2)　"命名视口"选项卡。

①　"当前名称"文本框：用于显示当前命名视图的名称。

②　"命名视口"列表框：用于显示当前图形中保存的全部视口配置。

③　"预览"框：用于预览当前视口的配置。

2．平铺视口的特点

(1)　视口是平铺的，它们彼此相邻，大小、位置固定，不能有重叠。

(2)　当前视口的边界为粗边框显示，光标呈"十"字形，在其他视口中呈小箭头状。

(3)　只能在当前视口中进行各种绘图、编辑操作。

(4)　只能将当前视口中的图形打印输出。

(5) 可以对视口配置命名保存，以备以后使用。

11.1.2 在图纸空间创建浮动视口

在图纸空间(布局)可以创建多个视口，这些视口被称为浮动视口。

默认情况下，单击绘图窗口底部的"布局"选项卡，系统会自动根据图纸尺寸(默认图纸尺寸为 ISO A4)创建一个浮动视口，也可以根据需要在布局中创建多个浮动视口。灵活创建和使用浮动视口是进行图纸输出的关键。

一个布局中可以设置多个不同的视口。布局的一个视口就是纸张上的一个打印区域。每个视口可以设置单独的打印比例和打印图形，与别的视口互不干扰。

1. 创建浮动视口

单击绘图窗口底部的"布局"选项卡，从模型空间切换到图纸空间后，使用下列 3 种方法之一创建浮动视口。

- 在"视口"工具栏上单击"新建视口"按钮 。
- 选择菜单命令"视图"→"视口"→"新建视口"。
- 在命令行输入 vports 命令。

执行命令后，将弹出"视口"对话框，如图 11-4 所示。此对话框与模型空间对话框相同。

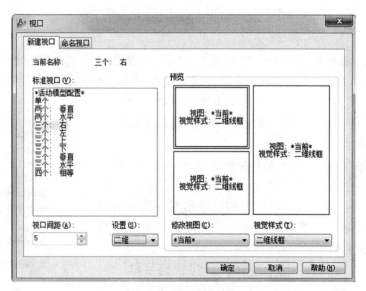

图 11-4　图纸空间的"视口"对话框

可在此对话框中按照"标准视口"进行视口配置。

2. 创建多边形视口

单击"视口"工具栏中的"多边形视口"按钮 ，根据提示指定视口的起始点、下一点、闭合等，完成创建多边形视口。多边形的各边可以是直线边，也可以是弧线边。

3．将对象转换为视口

通过闭合的多段线、椭圆、样条曲线、面域或圆创建非矩形布局视图。在图纸空间绘制一个非矩形线框，单击"将对象转换为视口"按钮，选择绘制的线框，完成转换。

4．浮动视口的特点

(1) 视口是浮动的，各视口可以改变位置，也可以相互重叠。

(2) 视口可以进行复制、移动、拉伸、缩放、旋转等操作，也可以被删除。

(3) 浮动视口位于当前层时，可以改变视口边界的颜色，但线型总为实线。

(4) 可以采用冻结视图边界所在图层的方式来显示或不打印视口边界。

(5) 可以在各视口中冻结或解冻不同的图层，以便在指定的视图中显示或隐藏相应的图形、尺寸标注等对象。

(6) 可以创建各种形状的视口。

无论是在模型空间还是在图纸空间，都允许使用多个视图，但多视图的性质和作用并不相同。在模型空间中，多视图只是为了方便观察图形和绘制图形，因此其中的各个视图与原绘图窗口类似。在图纸空间中，多视图主要是便于进行图纸的合理布局，用户可以对其中任何一个视图进行复制、移动等基本编辑操作。多视图操作大大方便了用户从不同视点观察同一实体，这对于在三维绘图时非常有用。

11.2　创建和管理布局

布局是一种图纸空间环境，它模拟图纸页面，提供直观的打印设置。在 AutoCAD 中，在布局中可以创建并放置视口对象，还可以添加标题栏或其他几何图形。可以在图形中创建多个布局以显示不同视图，每个布局可以包含不同的打印比例和图纸尺寸。布局显示的图形与图纸页面上打印出来的图形完全一样。

在创建新图形时，AutoCAD 会自动建立一个"模型"空间和两个布局空间"布局 1"和"布局 2"。其中，"模型"空间用来建立和编辑二维图形和三维模型，该选项卡不能删除，也不能重命名；"布局"空间用来打印图形的图纸，其个数没有限制且可以重命名，或将其删除。

在任一"布局"选项卡上右击，弹出快捷菜单，如图 11-5 所示。在弹出的快捷菜单中选择"新建布局"命令，可以新建一个布局，执行"重命名"命令可以更改布局的名称，执行"删除"命令可以将该布局删除。

布局代表打印的页面，用户可以根据需要创建任意多个布局，每个布局都保存在自己的"布局"选项卡中，可以与不同的页面设置相关联。

图 11-5　右键快捷菜单

11.3 打 印 图 形

绘制完工程图后，需要将其打印到纸张上，以便进行加工和装配零件。如果使用的是 Windows 打印机，一般不需要做更多的配置工作；如果使用绘图仪，就必须配置绘图仪的驱动程序和打印端口等。

AutoCAD 打印出图常用两种方式，即从"模型"空间打印图形和从"布局"空间打印图形。启用打印命令常用以下几种方法。

(1) 工具栏："标准"工具栏中的"打印"按钮 🖶 。

(2) 菜单命令："文件"→"打印"。

(3) 按 Ctrl+P 组合键。

(4) 命令行：PLOT。

11.3.1 模型空间出图

1．模型空间打印设置

首先单击绘图区域下方的"模型"选项卡，进入模型空间。

执行"打印"命令后，弹出"打印-模型"对话框。用户可以选择打印机名称、图纸尺寸、打印范围和打印比例。单击对话框右下角的 ⊘ 按钮，可以展开更多选项设置，如图 11-6 所示。

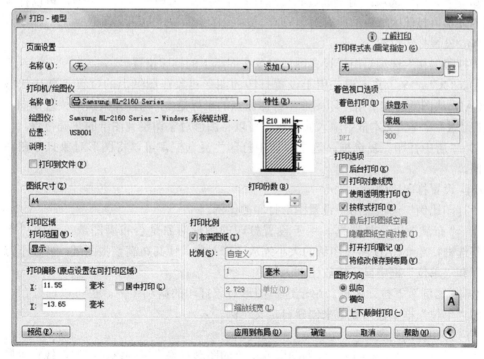

图 11-6 "打印-模型"对话框

全国高职高专"十三五"贯穿式+立体化创新规划教材

(1) 选择打印机。

"打印机/绘图仪"选项组用于选择打印设备。单击"名称"下拉按钮，从弹出的下拉列表中选择当前配置的打印设备。选择打印设备后，其下方会显示当前所选打印设备名称、打印设备安装位置及打印设备相关的说明信息。

"打印到文件"复选框：打印输出到文件而不是绘图仪或打印机。

(2) 选择图纸尺寸。

"图纸尺寸"选项组用于显示所选打印设备可用的标准图纸尺寸。如果未选择打印设备，将显示全部标准图纸尺寸的列表以供选择。单击"图纸尺寸"下拉按钮，弹出图纸尺寸下拉列表，可以根据需要选择图纸大小。

(3) 设置打印区域。

"打印区域"选项组用于指定要打印的图形部分。单击"打印范围"下拉按钮，从下拉列表中选择图形的打印区域。

① "窗口"选项：用于通过指定窗口选择打印区域。选择"窗口"选项，进入绘图窗口，在绘图窗口中选择打印区域，选择完毕后返回对话框。

② "范围"选项：用于通过设置的范围来选择打印区域。选择"范围"选项，可以打印出所有的图形对象。

③ "图形界限"选项：用于通过设置的图形界限选择打印区域。选择"图形界限"选项，可以打印图形界限范围内的图形对象。

④ "显示"选项：用于通过绘图窗口选择打印区域。选择"显示"选项，可以打印绘图窗口内显示的所有图形对象。

⑤ "布局"选项：用于通过布局选择打印区域。选择"布局"选项，可以打印当前布局中位于可打印区域内的所有对象。

(4) 设置打印位置。

"打印偏移"选项组用于设置图形对象在图纸上的打印位置。

① "X""Y"文本框。用于设置打印的图形对象在图纸上的位置。默认状态下，AutoCAD 从图纸的左下角打印图形，打印原点的坐标是(0, 0)。如果图形位置偏向一侧，通过在"X""Y"文本框中输入偏移量，可以将图形对象调整到图纸的正确位置。

② "居中打印"复选框。选中"居中打印"复选框，可以将图形对象打印在图纸的正中间。

(5) 设置打印比例。

"打印比例"选项组用于设置图形打印的比例。

① "布满图纸"复选框。用于设置打印的图形对象是否布满图纸。选中"布满图纸"复选框，AutoCAD 将按图纸的大小缩放图形对象，使其布满整张图纸，并在下方"毫米＝"和"单位"框中显示缩放比例因子。

② "比例"下拉列表框。用于选择图形对象打印的精确比例。也可以通过在"毫米＝"和"单位"框中输入数值来创建自定义比例。

(6) 打印样式列表。

制图过程中，AutoCAD 可以为图层或单个的图形对象设置颜色、线型、线宽等属性，这些样式可以在屏幕上直接显示出来。在出图时，有时用户希望打印出的图样和绘图时的图形所显示的属性有所不同，例如，绘图时一般会使用各种颜色来显示不同图层的图形对象，但打印时仅以黑白色来打印。

(7) 设置着色打印。

"着色视口选项"选项组用于打印经过着色或渲染的三维图形。

(8) 设置打印方向。

"图形方向"选项组用于设置图形对象在图纸上的打印方向。

"纵向"选项：选中"纵向"单选按钮，图形对象在图纸上纵向打印。

"横向"选项：选中"横向"单选按钮，图形对象在图纸上横向打印。

"上下颠倒打印"复选框：选中"上下颠倒打印"复选框，图形对象在图纸上倒置打印。

(9) 预览和打印图形。

打印设置完成后，单击左下角的 预览(P)... 按钮，可以预览图形对象的打印效果。若对预览效果满意，则可以单击"确定"按钮，直接打印图形；若对预览效果不满意，则继续修改打印参数。一般来说，在打印输出图形之前应该先预览输出结果，检查无误后再进行打印。

从模型空间出图时，按照 1∶1 的比例绘图，出图时才设置打印比例。

2. 模型空间出图的特点

在模型空间出图时，因为图纸不是无边距打印(若打印机设置了无边距打印，则效果不同)，所以设置的比例会和实际打印出来的图纸的比例有所差别。

模型空间出图的优点是所有图纸都在一个幅面上，查看起来比较方便和直观。

模型空间出图的缺点是若图纸的张数多、幅面大小不一，则很难确定图框需要放大的比例，而说明性文字的高度又与这个比例有关。若一张图中有某个部分需要放大，则必须复制原图并按比例放大，还要增加一个标注样式把标注测量比例缩小，并且打印时"打印范围"要选择窗口，需要到模型空间中捕捉定位。

11.3.2　图纸空间出图

1. 图纸空间打印设置

首先单击绘图区域下方的"布局"选项卡，进入图纸空间。

执行"打印"命令后，弹出"打印-布局"对话框，在该对话框中选择打印区域为"布局"，再选择合适的打印比例。如果是多视口，在选定视口后根据每个视口大小及需打印的图形大小，在属性窗口中的自定义比例一栏内设定适当的比例。

设置完成打印选项，进行打印输出。

2. 图纸空间出图的特点

用模型空间打印，不方便控制打印比例和打印位置；用布局打印，很方便精确设置打印比例和出图的图形位置。

用模型空间打印，每次只能打印一个图形；用布局打印，在布局中可以设置几个视口，每个视口可以安排一个要打印的图形，每个视口可以单独设置打印比例(这样，可以在

全国高职高专"十三五"贯穿式＋立体化创新规划教材

一个布局中打印不同比例的几个图形，如大图和大样图)。

用布局可以设置异形视口，可以容纳多个形状不同的图形。

布局空间出图的缺点是，若图的张数比较多，则看上去很不直观。若图纸在布局空间已经设置好，则模型空间里的图就不能再移动位置；否则图纸在布局空间也会改变位置。

11.4　输出 DWF 与 PDF 文件

在 AutoCAD 中，除了可以通过打印机输出图形外，为方便供他人使用其他应用程序进行阅读和交流，或将 AutoCAD 图形文件发布到互联网上，也可以生成一份电子图纸，以实现资源共享。

11.4.1　输出为 PDF 格式

使用 AutoCAD 软件可以轻松查看 dwg 格式的绘图文件，但是，并不是所有的计算机都安装有 AutoCAD 软件，这就造成绘制的图形可能在一些计算机上无法打开。而 PDF 格式的文件是一种常见的文件格式，可以直接查看 AutoCAD 图形文件，所以可以将 dwg 格式的图形文件转换成 PDF 格式的文件，方便在其他计算机设备上打开。

(1) 打开图形文件。

(2) 单击"打印"按钮 ，弹出"打印-模型"对话框。

(3) 在"打印机/绘图仪"选项组，选择打印机"名称"为"DWG To PDF.pc3"。

(4) 在"图纸尺寸"选项组，选择"ISO expand A4(210.00×297.00)"图纸，如图 11-7 所示。

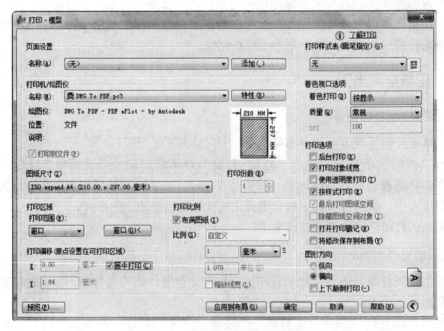

图 11-7　输出为 PDF 格式文件

（5）在"打印区域"选项组，选择"打印范围"为"窗口"，自动切换到绘图窗口，用鼠标在窗口想要开始的位置单击，拖动鼠标画一个矩形框，再次单击结束画框，界面会切换至"打印-模型"对话框。

（6）单击"确定"按钮，按照提示输入文件名，保存到指定位置。

11.4.2 输出为 DWF 格式

DWF 文件是 Autodesk 公司开发的一种可以在网络上安全传输的文件格式，它可以在任何装有 DWF 浏览器或专用插件的计算机中打开。使用 Autodesk DWF Viewer 程序可以浏览、发送和打印 DWF 文件。

DWF 文件支持实时平移和缩放，可控制图层、命名视图和嵌入超链接的显示。DWF 是矢量压缩格式的文件，可提高图形文件打开和传输的速度，缩短下载时间，保存、传输和浏览都很方便。

（1）打开图形文件。

（2）单击"打印"按钮 🖨，弹出"打印-模型"对话框。

（3）在"打印机/绘图仪"选项组的"名称"下拉列表框中选择 DWF6 ePlot.pc3 选项。

（4）单击旁边的"特性"按钮，在弹出的"绘制仪配置编辑器"中单击"另存为"按钮，选择其存储的位置，如 D:\cadeg。

（5）单击"保存"按钮，完成 DWF 文件的创建操作，如图 11-8 所示。

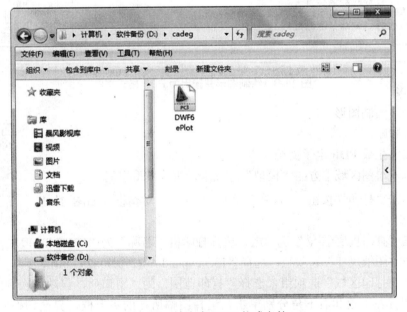

图 11-8 输出为 DWF 格式文件

（6）单击工具栏中的"发布"按钮 🖨，或选择菜单命令"文件"→"发布"，就可以方便、快速地创建格式化 Web 页，该 Web 页包含有 AutoCAD 图形中的 DWF、PNG 或 JPEG 等图像格式。一旦创建了 Web 页，就可以将其发布到 Internet 上。

DWF 无法直接打开，用户可在安装了浏览器和 Autodesk Whip 4.0 插件的任何计算机上打开，但 IE 和 Whip 的兼容性不是很好，有时无法正常显示，还是建议使用 DWF 专用浏览器查看 DWF 文件。

【练习 11-1】绘制图 11-9 所示图形并生成 A4 幅面的 PDF 电子文档。

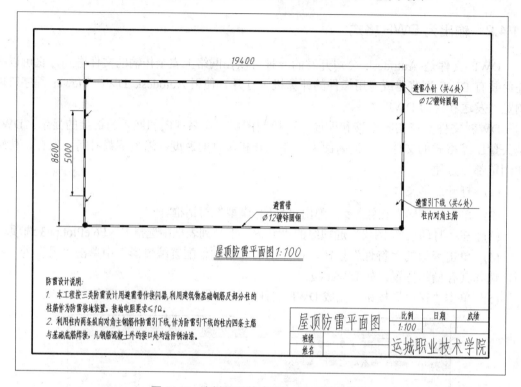

图 11-9　绘制图形并输出为 PDF 格式文件

任务一　绘制图形

绘图步骤略。

任务二　生成 PDF 电子文档

(1) 单击绘图区域下方的"模型"选项卡，进入模型空间。

(2) 单击"打印"按钮 🖶，弹出"打印-模型"对话框，如图 11-10 所示。

微课 11-1

(3) 在"打印机/绘图仪"选项组，选择打印机"名称"为"DWG To PDF.pc3"。

(4) 在"图纸尺寸"选项组，选择"ISO expand A4(210.00×297.00)"图纸。

(5) 在"打印区域"选项组，选择"打印范围"为"窗口"，自动切换到绘图窗口，用鼠标在图幅左上角和右下角分别单击，选择图幅所在的矩形框，界面切换回"打印-模型"对话框。

(6) 选中"居中打印"复选框和"布满图纸"复选框。

(7) 选择图形方向为"横向"。

(8) 单击"预览"按钮，预览打印效果。

(9) 如果对预览效果满意，则单击"确定"按钮，按照提示输入文件名，保存到指定位置，生成 PDF 文件；如果对预览效果不满意，则继续修改打印选项，直到满意为止。

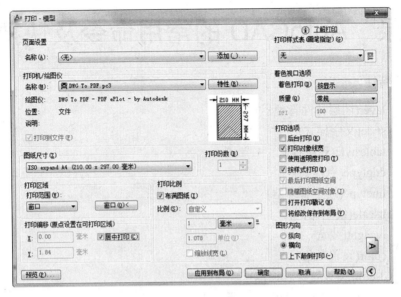

图 11-10 "打印-模型"对话框

课 后 练 习

绘制图 11-11 所示图形并将其按 1∶1 的比例打印输出到 A4 纸张。

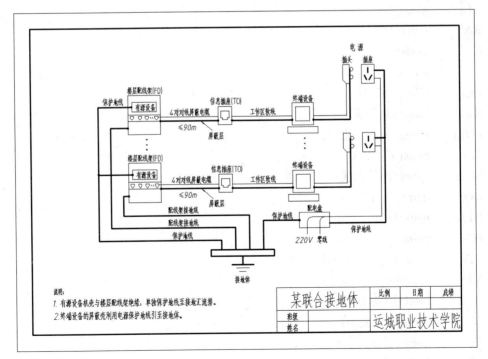

图 11-11 绘制图形并打印输出到 A4 纸张

附录　AutoCAD 的常用命令及快捷键

1. 对象特性

LA：　　layer(图层特性管理器)
ST：　　style(文字样式)
TS：　　tablestyle(表格样式)
DDPT：　ddptype(点样式)
LT：　　linetype(线型管理器)
LTS：　　ltscale(线型比例)
LW：　　lweight(线宽)
COL：　　color(设置颜色)
DS：　　dsettings(设置极轴追踪)
OS：　　osnap(设置捕捉模式)
UN：　　units(图形单位)
LIMI：　limit(图形界限)

2. 绘图命令

L：　　line(直线)
XL：　　xline(构造线)
RAY：　ray(射线)
C：　　circle(圆)
A：　　arc(圆弧)
EL：　　ellipse(椭圆)
REC：　rectangle(矩形)
POL：　polygon(正多边形)
PL：　　pline(多段线)
SPL：　spline(样条曲线)
DO：　　donut(圆环)
HEL：　helix(螺旋)
PO：　　point(点)
DIV：　divide(定数等分)
ME：　　measure(定距等分)
H：　　hatch(图案填充)
DT：　　dtext(单行文字)
T：　　mtext(多行文字)
TAB：　table(表格)

3. 修改命令

CO： copy(复制)

M： move(移动)

SC： scale(缩放)

E： erase(删除)

TR： trim(修剪)

EX： extend(延伸)

O： offset(偏移)

MI： mirror(镜像)

RO： rotate(旋转)

F： fillet(圆角)

CHA： chamfer(倒角)

LEN： lengthen(拉长)

S： stretch(拉伸)

BR： break(打断)

AL： align(对齐)

J： join(合并)

X： explode(分解)

AR： array(阵列)

4. 多线命令

MLST mlstyle(多线样式)

ML： mline(绘制多线)

MLED： mledit(编辑多线)

5. 块命令

B： block(块定义/创建内部块)

W： wblock(写块/创建外部块)

I： insert(插入块)

ATT： attdef(块属性定义)

ATE： attedit(块属性编辑)

BE： bedit(编辑块定义)

6. 尺寸标注命令

D： dimstyle(设置标注样式)

DLI： dimlinear(线性标注)

DAL： dimaligned(对齐标注)

DRA： dimradius(半径标注)

DDI： dimdiameter(直径标注)

全国高职高专"十三五"贯穿式+立体化创新规划教材

DAN：　　dimangular(角度标注)
DAR：　　dimarc(弧长标注)
DCE：　　dimcenter(圆心标记)
DOR：　　dimordinate(点标注/坐标标注)
DBA：　　dimbaseline(基线标注)
DCO：　　dimcontinue(连续标注)
TOL：　　tolerance(标注形位公差)
QDIM：　quickdimensions(快速标注)
DED：　　dimedit(编辑标注)
MLS：　　mleaderstyle(设置多重引线样式)
MLEA：　mleader(多重引线标注)
MLE：　　mleaderedit(多重引线编辑)

7. 快捷键

Ctrl+0：　切换全屏显示
Ctrl+1：　修改特性
Ctrl+2：　设计中心
Ctrl+3：　工具选项板
Ctrl+8：　快速计算器
Ctrl+9：　命令提示行
Ctrl+Y：　重做取消操作
Ctrl+Z：　取消前一次操作

参 考 文 献

[1] 徐文胜. AutoCAD 实用教程[M]. 5 版. 北京：清华大学出版社，2014.

[2] 李运华. AutoCAD 建筑制图实用教程[M]. 北京：清华大学出版社，2012.

[3] 张文明，梁国高. AutoCAD 计算机绘图实训教程[M]. 北京：北京邮电大学出版社，2015.

[4] 余明辉，尹岗. 综合布线系统的设计 施工 测试 验收和维护[M]. 北京：人民邮电出版社，2010.

[5] 禹禄君. 综合布线技术项目教程[M]. 北京：电子工业出版社，2011.

[6] 杨继萍，吴华. Visio 2010 图形设计标准教程[M]. 北京：清华大学出版社，2016.